Zhongguo Tese Qiye Xinxing Xuetuzhi Peixun Jiaocai

中国特色企业新型学徒制培训教材

机械制造基础

人力资源社会保障部教材办公室　组织编写

本书编审人员

主　编：崔兆华

副主编：逯　伟

参　编：徐书娟　洪善慧　赵培哲

主　审：鲁统生

中国劳动社会保障出版社

内容简介

本书是中国特色企业新型学徒制培训教材机械类专业基础课程教材中的一种，主要内容包括铸造、锻造和焊接，钳工，车削，铣削与镗削，磨削，刨削、插削和拉削，数控机床及加工程序。

本书适用于各类企业与职业院校、职业培训机构、企业培训中心等教育培训机构开展中国特色企业新型学徒制培训，也适用于企业岗位技能培训和就业技能培训。

图书在版编目（CIP）数据

机械制造基础 / 人力资源社会保障部教材办公室组织编写 . -- 北京：中国劳动社会保障出版社，2022

中国特色企业新型学徒制培训教材

ISBN 978-7-5167-5461-0

Ⅰ. ①机…　Ⅱ. ①人…　Ⅲ. ①机械制造 – 教材　Ⅳ. ①TH

中国版本图书馆 CIP 数据核字（2022）第 128736 号

中国劳动社会保障出版社出版发行

（北京市惠新东街 1 号　邮政编码：100029）

*

北京市白帆印务有限公司印刷装订　　新华书店经销

787 毫米 ×1092 毫米　16 开本　8.5 印张　168 千字

2022 年 10 月第 1 版　　2022 年 10 月第 1 次印刷

定价：25.00 元

营销中心电话：400-606-6496

出版社网址：http://www.class.com.cn

前　　言

为贯彻《关于加强新时代高技能人才队伍建设的意见》文件精神，落实《关于全面推行中国特色企业新型学徒制　加强技能人才培养的指导意见》（人社部发〔2021〕39 号）有关要求，适应规范化、标准化、制度化开展企业新型学徒制培训对教材的需求，建立完善适应新时代企业新型学徒制培训需求的高质量教学资源体系，人力资源社会保障部教材办公室组织有关行业、企业、院校和培训机构的专家编写了中国特色企业新型学徒制培训教材。

中国特色企业新型学徒制培训教材依据国家职业技能标准、职业培训课程规范等进行开发。以培养劳模精神、劳动精神、工匠精神为引领，主动对接学徒生产实际，强化职业道德、职业素养及职业能力培养，积极适应产业变革、技术变革、组织变革和企业技术创新等需求。以工作过程、学习行动、问题解决为导向，有机融合理论培训与实践培训内容，贴近学徒实际水平、贴近企业实际需要、贴近岗位工作现场。

中国特色企业新型学徒制培训教材包括通用素质课程教材和专业基础课程教材两类。其中，通用素质课程教材注重对学徒综合素质和可迁移技能的培养，促进其具备良好职业道德、职业素养及职业能力，能够安全胜任岗位工作；专业基础课程教材注重对学徒专业基础知识和基本技能的培养，促进其适应有关职业（工种）技能的学习。

首批开发的中国特色企业新型学徒制培训教材依据通用素质课程培训大纲、机械类专业基础课程培训大纲、电工电子类专业基础课程培训大纲、汽车类专业基础课程培训大纲编写，具体包括《劳模精神　劳动精神　工匠精神》等 9 种通用素质课程教材，以及机械类、电工电子类、汽车类等专业大类的 10 种专业基础课程教材。

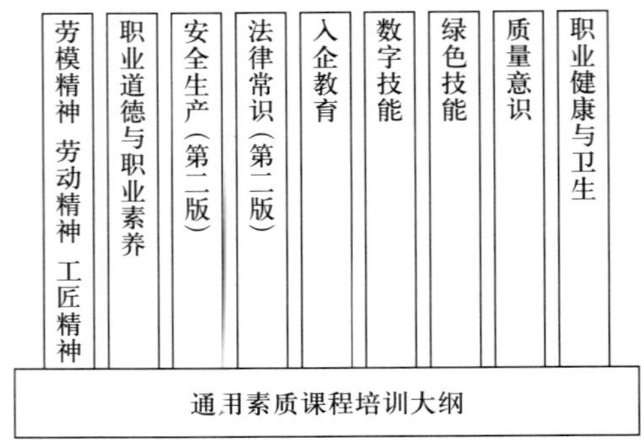

通用素质课程教材体系

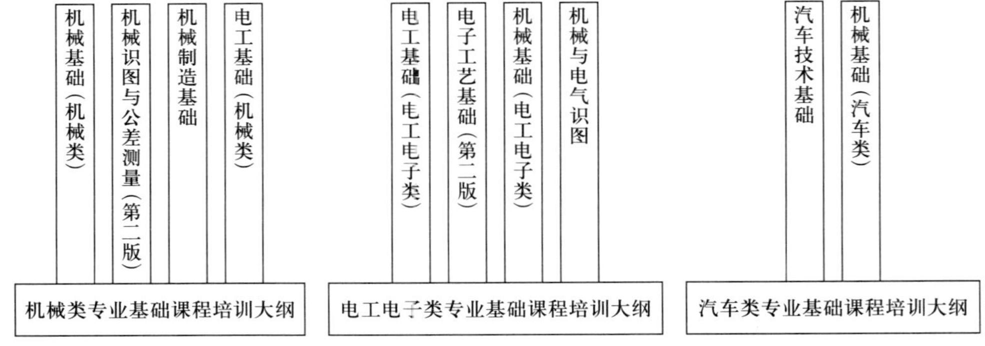

专业基础课程教材体系

本教材是开展中国特色企业新型学徒制培训的重要教学资源。主体读者对象为参加企业新型学徒制机械类职业培训人员，也适用于相关职业技能培训人员。

本教材由崔兆华担任主编并负责全书统稿，由逯伟担任副主编，徐书娟、洪善慧、赵培哲参加编写，由鲁统生担任主审。其中，第 1 章和第 7 章由崔兆华编写，第 2 章由逯伟编写，第 3 章由徐书娟编写，第 4 章由洪善慧编写，第 5 章和第 6 章由赵培哲编写。本教材在开发过程中得到了北京、内蒙古、辽宁、浙江、山东、河南、广东、重庆、陕西等地人力资源社会保障厅（局）及相关学校、企业、培训机构的大力支持与协助，在此一并表示衷心的感谢。欢迎读者对完善本教材提出宝贵意见。

人力资源社会保障部教材办公室

目录

铸造、锻造和焊接

学习目标

1. 了解砂型铸造的工艺过程。
2. 了解锻造的生产工艺过程。
3. 了解常用自由锻的加工工艺。
4. 了解焊条电弧焊的工作原理。

第1节　铸　　造

一、铸造及其分类

熔炼金属，制造铸型（芯），并将熔融金属浇入铸型，凝固后获得具有一定形状、尺寸和性能的金属零件毛坯的成形方法称为铸造。铸造所得到的金属零件或零件毛坯称为铸件，如图 1–1 所示。

铸造的方法很多，按生产方法不同可分为砂型铸造和特种铸造。特种铸造又可分为熔模铸造、金属型铸造、压力铸造和离心铸造等。

图 1–1　铸件

二、铸造的特点及应用

1. 铸造可以生产出形状复杂，特别是具有复杂内腔的金属零件或零件毛坯，如各种箱体、床身、机架等。

2. 产品的适应性广，工艺灵活性大，工业上常用的金属材料均可用来进行铸造，铸件的质量可从几克到几百吨。

3. 铸造所用的原材料来源广泛、价格低廉，还可直接利用废旧机件。

4. 铸件的内部组织疏松，晶粒粗大，易产生缩孔等缺陷，会导致铸件的力学性能特别是冲击韧性差。此外，铸件的质量也不够稳定。

铸造被广泛应用于机械工件的毛坯制造，多用于制造承受应力不大的工件。

三、砂型铸造的工艺过程

用砂型生产铸件的铸造方法称为砂型铸造。砂型铸造是应用最为广泛的一种铸造方法，适用于各种批量的生产。

轴套砂型铸造的工艺过程如图 1–2 所示，主要经过制造模样与芯盒、制备型（芯）砂、造型、造芯、合箱、金属熔炼、浇注、冷却、落砂、清理等工艺过程，即可得到铸件，经检验合格后获得所需的毛坯零件。

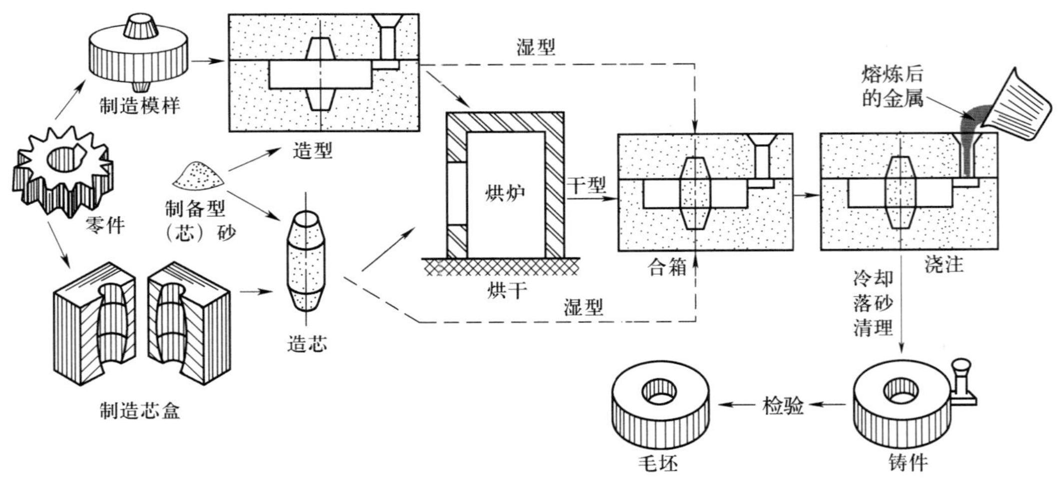

图 1–2　轴套砂型铸造的工艺过程

1. 制造模样与芯盒

由木材、金属或其他材料制成，用来形成铸型型腔的工艺装备称为模样。制造砂型时，使用模样可以获得与工件外部轮廓相似的型腔。

用来制造砂芯或其他种类耐火材料芯所用的装备称为芯盒。芯盒的内腔与砂芯的形状和尺寸相同。通常在铸型中，砂芯形成铸件内部的孔穴，但有时也形成铸件的局部外形。

2. 造型、造芯与合箱

（1）制备型（芯）砂

型（芯）砂是用来制造铸型的材料。在砂型铸造中，型（芯）砂的基本原材料是铸造用砂和型砂黏结剂。常用的铸造用砂有硅砂、镁砂、锆砂、铬铁矿砂、刚玉砂等。

（2）造型

利用制备的型砂及模样等工艺装备制造砂型的方法和过程称为造型。砂型铸造件的外形取决于型砂的造型，造型方法有手工造型和机器造型两种。

手工造型是指全部用手工或手动工具完成的造型工序。手工造型的方法有很多，按砂箱特征分有两箱造型、多箱造型、脱箱造型等，按模样特征分有整模造型、挖砂造型、假箱造型、分模造型和刮板造型等。如图 1–3 所示为最常用的两箱造型，铸型由成对的上型和下型构成，此方法操作简单，适用于单件或小批量生产，特别是大型和形状复杂的铸件。

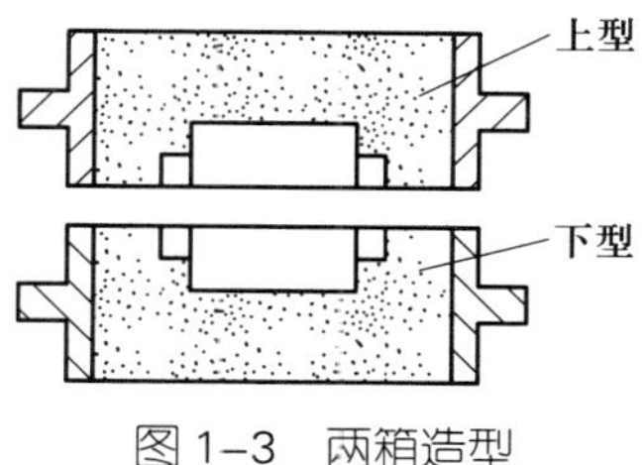

图 1–3　两箱造型

机器造型是指用机器完成全部或至少完成紧砂操作的造型工序。机器造型铸件尺寸精确、表面质量好、加工余量小，但需要专用设备，投资较大，适用于大批量生产。

（3）造芯

将芯砂制成符合芯盒形状的砂芯的过程称为造芯。造芯分为手工造芯和机器造芯。常用的手工造芯方法是芯盒造芯。芯盒造芯示意图如图 1–4 所示。

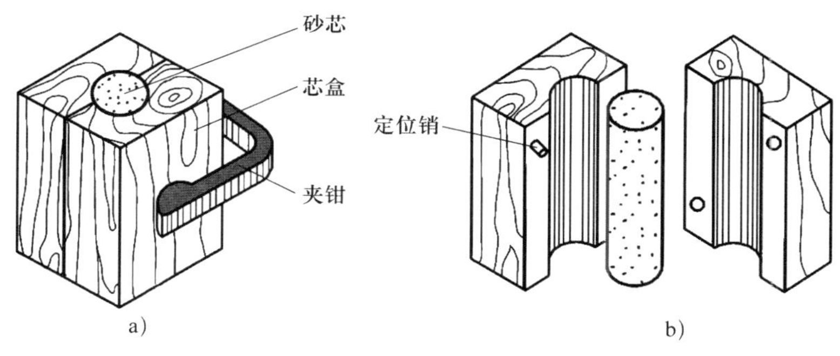

图 1–4　芯盒造芯示意图

a）芯盒的装配　b）取芯

（4）合箱

合箱又称合型，是将铸型的各个组元，如上型、下型、砂芯、浇口盒等组合成一个完整铸型的操作过程。

3. 熔炼与浇注

通过加热使金属由固态转变为液态，然后进行成分调节和精炼，使其纯净度、温度和成分达到要求的过程称为熔炼。把熔融金属从浇包注入铸型的操作称为浇注，液体金属通过浇注系统进入型腔。

4. 冷却、落砂与清理

铸型浇注后，铸件在砂型内应有足够的冷却时间。铸件冷却速度太快会使其内应力增加，甚至变形、开裂。

用手工或机械方法使铸件和型（芯）砂分离的操作称为落砂。清理是落砂后从铸件上清除表面粘砂、型砂、多余金属（包括浇冒口、飞翅和氧化皮）等过程的总称。

5. 检验

经落砂、清理后的铸件应进行质量检验。铸件的质量包括外观质量、内在质量和使用质量。铸件均需进行外观质量检查，重要的铸件还需进行必要的内在质量和使用质量检查。

第2节　锻　　造

锻造是在加压设备及工（模）具的作用下，使金属坯料或铸锭产生局部或全部的塑性变形，以获得一定几何尺寸、形状和质量的工件（或毛坯）的加工方法。金属材料经过锻造变形而得到的工件（或毛坯）称为锻件。

一、锻造的生产工艺过程

锻造基本的生产工艺过程为：下料、锻前加热、锻造、冷却、质量检验和热处理。

1. 下料

供锻造车间生产用的原材料绝大多数是各种型材和钢坯，在锻前根据需要把它们分成若干段，这个过程称作下料。

2. 锻前加热

坯料在锻造之前通常需要加热，加热的目的是提高坯料的塑性和降低其变形抗力，即提高坯料的可锻性。

3. 锻造

锻造就是利用锻造设备将处于始锻温度到终锻温度之间温度范围内的坯料在力的作用下发生合适的塑性变形，从而改变它的尺寸、形状，优化材料内部组织，并最终得到符合要求的锻件。

常用的锻造设备有空气锤、蒸汽－空气锤、水压机、平锻机等。

4. 冷却

锻件的冷却是指锻后从终锻温度冷却到室温。锻件的冷却同加热一样，也是保证锻件质量的重要环节。如果锻后锻件冷却不当，会使应力增加和表面过硬，影响锻件的后续加工，严重的还会产生翘曲变形、裂纹，甚至造成锻件报废。常用的冷却方法有空冷、坑冷和炉冷三种。

5. 质量检验

质量检验包括锻件外观质量检验及内部质量检验。锻件外观质量检验主要是指几何尺寸、形状、表面状况等项目的检验；锻件内部质量检验则主要是指化学成分、宏观组织、显微组织及力学性能等项目的检验。

6. 热处理

在机械加工前，一般要对锻件进行热处理，其目的是均匀组织，细化晶粒，减少锻造残余应力，调整硬度，改善机械加工性能，为最终热处理做准备。常用的热处理方法有正火、退火等。

二、自由锻

按成形方式不同，锻造分为自由锻和模锻两大类。

只用简单的通用性工具，或在锻造设备的上、下砧间使坯料获得所需的几何形状及内部质量锻件的方法称为自由锻。自由锻分为手工自由锻和机器自由锻两种，如图 1–5 所示。

a）

b）

图 1–5　自由锻

a）手工自由锻　b）机器自由锻

自由锻常用设备有空气锤、蒸汽 – 空气锤和水压机等，其中空气锤是生产小型锻件的常用设备，其由锤身、工作缸、锤杆、上砧、下砧、砧垫、砧座等组成，如图 1–6 所示。空气锤以压缩空气为工作介质，驱动上砧上、下运动击打锻件，使其获得塑性变形。

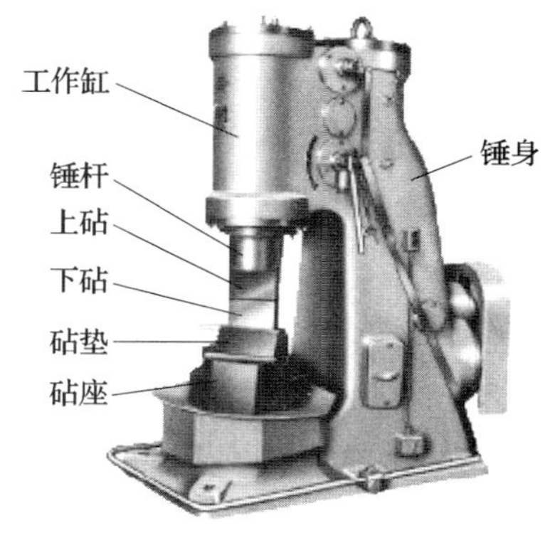

图 1–6　空气锤

1. 常用自由锻的基本工序

（1）镦粗

镦粗是对原坯料沿轴向锻打，使其高度降低、横截面面积增大的锻造工序。这种工序常用于锻造齿轮坯和其他圆盘类锻件。镦粗分为整体镦粗和局部镦粗两种，如图 1–7 所示。

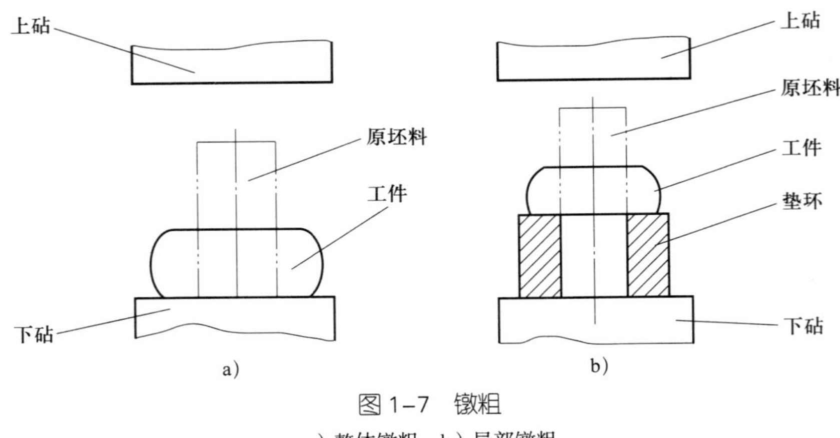

图 1–7　镦粗

a）整体镦粗　b）局部镦粗

（2）拔长

拔长是使坯料长度增加、横截面面积减小的锻造工序，通常用来生产轴类毛坯，如车床主轴、连杆等。圆形截面坯料拔长时，应先将其锻成方形截面，在拔长到边长接近锻件时，再将其锻成八角形截面，最后倒棱滚打成圆形截面，如图 1–8 所示。

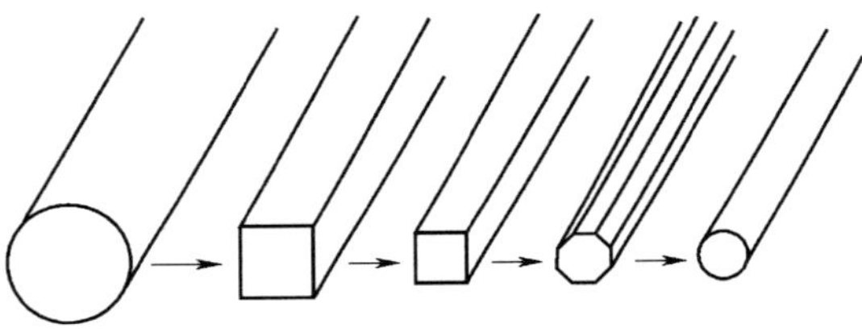

图 1–8　圆形坯料拔长时的过渡截面形状

（3）冲孔

冲孔是用冲头在坯料上冲出通孔或不通孔的锻造工序。冲通孔的方法有单面冲孔和双面冲孔两种。

1）厚度小的坯料冲通孔。厚度小的坯料可采用单面冲孔。冲通孔时，坯料置于垫环上，将一略带锥度的冲头大端对准冲孔位置，用锤击方法打入坯料，直至孔穿透为止，如图 1–9 所示。

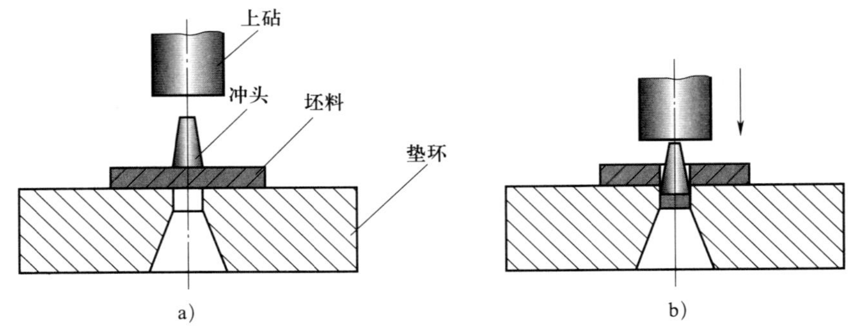

图 1–9　单面冲孔

a）准备冲孔　b）完成冲孔

2）厚度大的坯料冲通孔。厚度大的坯料应采用双面冲孔，其工艺如图 1–10 所示，在镦粗平整的坯料表面先预冲一凹坑，放少许煤粉，再继续冲至约锻件厚度 3/4 深度时，借助煤粉燃烧的膨胀气体取出冲头，翻转坯料，从反面将孔冲透。

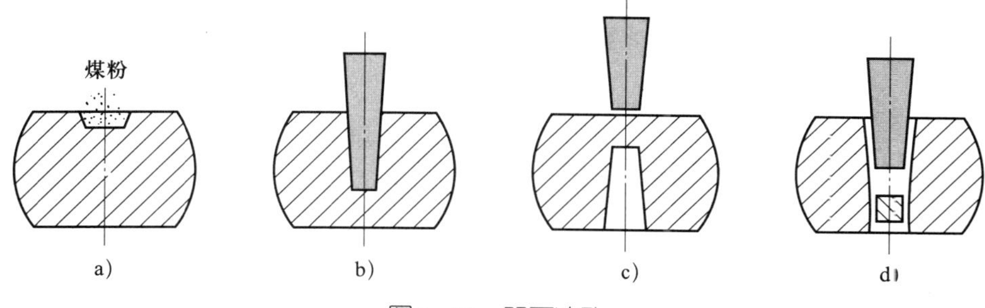

图 1–10 双面冲孔

a）预冲凹坑 b）冲至锻件厚度 3/4 深度 c）翻转坯料 d）冲透坯料

常用自由锻的基本工序还有弯曲、扭转和错移等。

2. 自由锻的特点

（1）设备和工具有很大的通用性，且工具简单，通常只能制造形状简单的锻件。

（2）自由锻可以锻制质量不足 1 kg 到 300 t 左右的锻件。大型锻件只能采用自由锻。

（3）自由锻依靠操作者的技术控制锻件的形状和尺寸，锻件精度低，表面质量差，金属消耗多。

自由锻主要用于品种多、产量不大的单件或小批量生产，也可用于模锻前的制坯。

三、模锻

将坯料放在锻模的模膛内，经过锻造，使其在模膛所限制的空间内产生塑性变形，从而获得锻件的锻造方法称为模锻。

1. 模锻的工艺过程

模锻的锻模结构有单模膛锻模和多模膛锻模。单模膛锻模的结构及锻造工艺过程如图 1–11 所示。

单模膛一般为终锻模膛，锻造时需先经过下料→镦粗制坯→预锻，再经终锻模膛锤击成形，最后取出锻件切除飞边，如图 1–12 所示。

2. 模锻的特点及应用

与自由锻相比，模锻的特点如下：

（1）锻件的形状可以比较复杂。锻件内部的锻造流线按锻件轮廓分布，从而提高了工件的力学性能和使用寿命。

（2）锻件表面光洁，尺寸精度高，可节约材料和切削加工工时。

（3）生产率较高，操作简单，易于实现机械化。

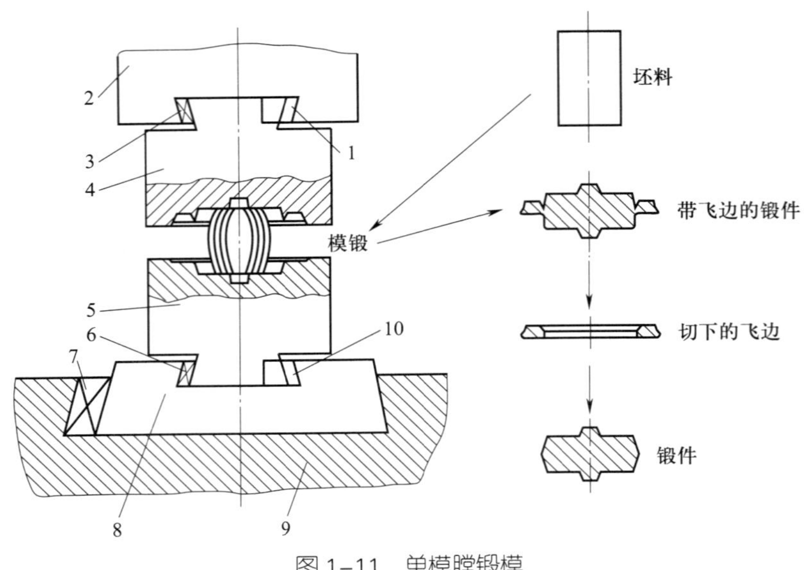

图 1–11　单模膛锻模

1、10—楔键　2—锤头　3、6—楔铁　4—上模　5—下模　7—模座楔　8—模座　9—砧座

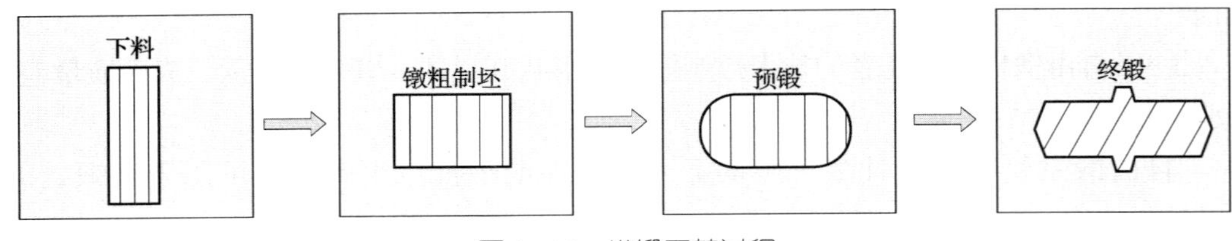

图 1–12　模锻工艺过程

（4）锻模所需设备吨位大，设备费用高；加工工艺复杂，制造周期长，费用高。模锻只适用于中、小型锻件的成批或大量生产。

第 3 节　焊　　接

焊接是通过加热或加压，或两者并用，并且用或不用填充材料，使工件达到结合的一种加工工艺方法。焊接最本质的特点就是通过焊接使工件达到结合，从而将原来分开的物体形成永久性连接的整体。

一、焊接的分类及特点

1. 焊接的分类

常用的焊接方法有熔焊、压焊和钎焊三类，见表 1–1。

表 1-1　焊接方法

分类	概念	举例
熔焊	在焊接过程中，将焊件接头加热至熔化状态，不加压力完成焊接的方法	气焊、电弧焊、电渣焊、等离子弧焊等
压焊	在焊接过程中，必须对焊件施加压力（加热或不加热）以完成焊接的方法	电阻焊、摩擦焊、气压焊、扩散焊、爆炸焊等
钎焊	采用比母材熔点低的钎料，将焊件和钎料加热到高于钎料熔点、低于母材熔点的温度，利用液态钎料润湿母材，填充接头间隙，并与母材相互扩散实现连接焊件的方法	软钎焊、硬钎焊

2. 焊接的特点及应用

焊接与螺纹连接、铆接相比，其优点主要有：①节省金属材料，结构质量轻；②工序简单，生产周期短；③焊接接头具有良好的力学性能和密封性；④能够制造双金属结构，使材料的性能得到充分利用。

焊接的缺点主要有：①焊接结构不可拆卸，给维修带来不便；②焊接结构中会存在焊接应力和变形；③焊接接头的组织性能往往不均匀，会产生焊接缺陷。

焊接广泛应用于船舶、车辆、桥梁、航空航天、锅炉及其他压力容器等领域。

二、焊条电弧焊

焊条电弧焊是通过焊条引发电弧，用电弧热来熔化焊件而实现焊接的一种熔焊方法，它是目前焊接生产中使用最广泛的焊接方法。

1. 焊接原理

焊条电弧焊由弧焊电源（亦称弧焊机）、电缆、焊钳、焊条、电弧和焊件组成，如图 1-13 所示。焊条电弧焊的主要设备是弧焊电源，它的作用是为焊接电弧稳定燃烧提供所需要的电流和电压。焊接电弧是负载，焊接电缆连接电源与焊钳和焊件。焊条电弧焊的焊接原理如图 1-14 所示。焊接时，将焊条与焊件接触短路后立即提起焊条，引燃电弧。电弧的高温将焊条与焊件局部熔化，熔化了的焊芯以熔滴的形式过渡到局部熔化的焊件表面，熔合在一起后形成熔池。

焊条电弧焊是用手工操作焊条进行焊接的方法，适用于焊接碳素钢、低合金钢、不锈钢以及铜、铝及其合金等金属材料。

2. 焊条电弧焊设备

常用的焊条电弧焊设备有 BX3-300 型弧焊变压器（属交流弧焊电源）、BX1-315 型弧焊变压器和 ZX5-400 型弧焊整流器（属直流弧焊电源）。

焊条电弧焊的电源又称焊条电弧焊焊机。焊条电弧焊焊机有交流弧焊机（简称交流焊机）和直流弧焊机（简称直流焊机）两类。

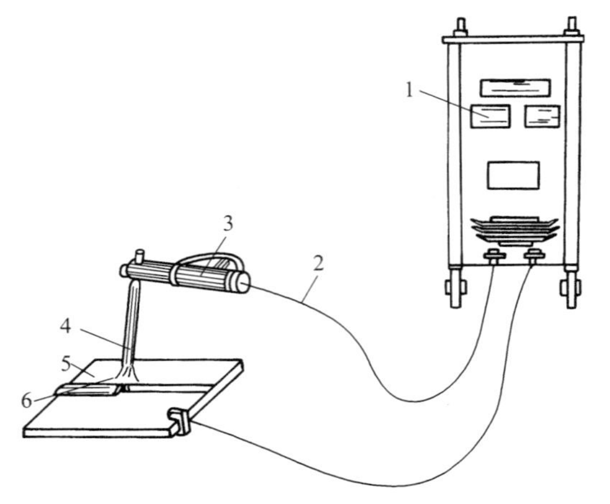

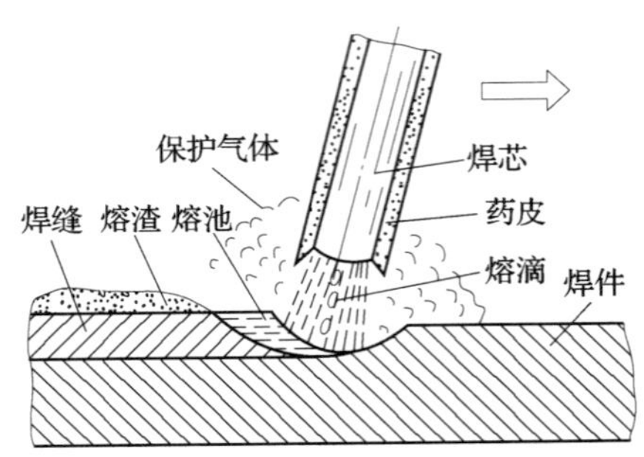

图 1-13　焊条电弧焊焊接回路简图

1—弧焊电源　2—电缆　3—焊钳　4—焊条　5—焊件　6—电弧

图 1-14　焊条电弧焊的焊接原理

BX3-300 型弧焊变压器属于动圈式，是生产中应用最广的一种交流焊机，其外形如图 1-15 所示，其结构简图如图 1-16 所示。它有一个高而窄的“口”字形铁芯，变压器的一次绕组分成两部分，固定在“口”字形铁芯两芯柱的底部；二次绕组也分成两部分，装在铁芯两芯柱的上部并固定于可动的支架上，通过丝杠连接，转动手柄可使二次绕组上下移动，以改变一、二次绕组间的距离，从而调节焊接电流的大小。

图 1-15　BX3-300 型弧焊变压器外形

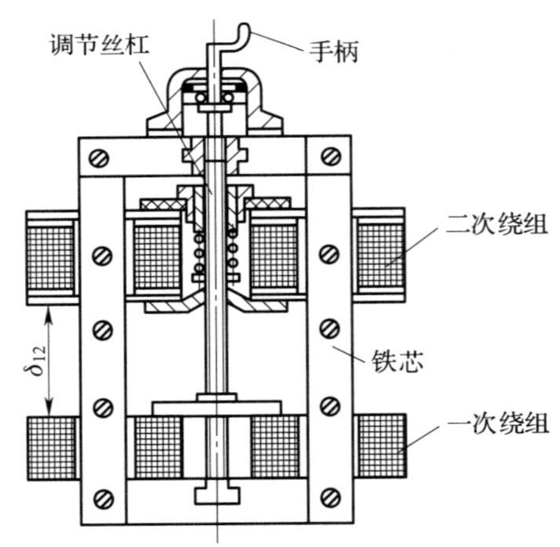

图 1-16　BX3-300 型弧焊变压器结构简图

3. 焊条电弧焊工具及劳动防护用品

焊条电弧焊工具及劳动防护用品主要有焊钳、电缆、面罩等。

焊钳（见图 1-17）用于夹持焊条并把焊接电流传输至焊条，电缆是用于传输焊机和焊钳及焊条之间焊接电流的导线，面罩（见图 1-18）是防止焊接时的飞溅、弧光及熔池和焊件的高温对焊工面部及颈部灼伤的一种遮蔽工具，有手持式和头盔式两种。

4. 焊条

涂有药皮的供焊条电弧焊用的熔化电极称为焊条。如图 1-19 所示，焊条由焊芯和药皮两部分组成。焊条夹持端没有药皮，被焊钳夹住后利于导电，焊条引弧端的药皮被磨成锥形，便于焊接时引弧。

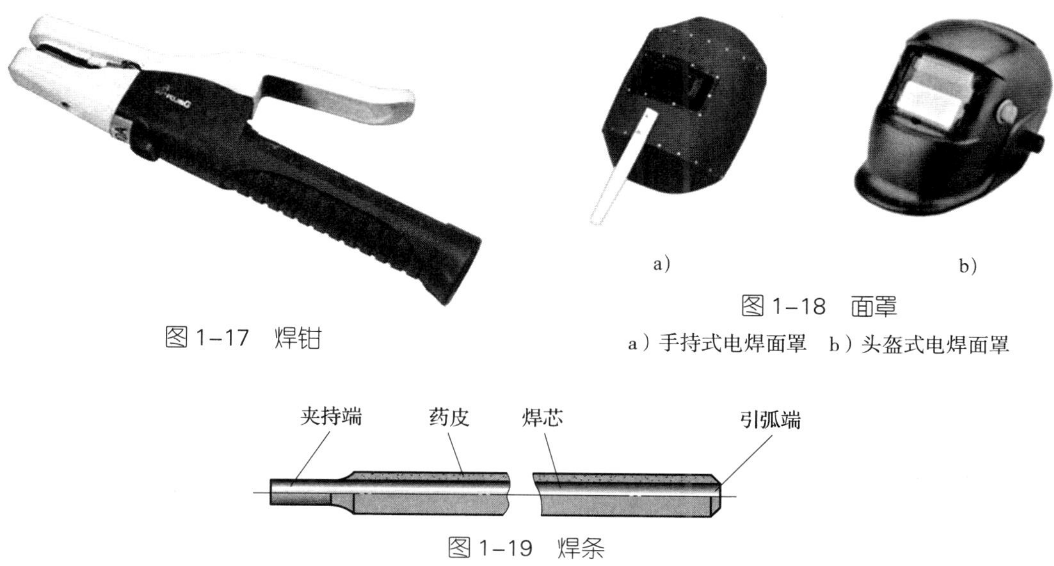

图 1–17　焊钳

a)　b)

图 1–18　面罩

a）手持式电焊面罩　b）头盔式电焊面罩

图 1–19　焊条

焊芯的作用是在焊接时传导电流产生电弧并熔化，成为焊缝的填充金属，其约占整个焊缝金属的 2/3。焊芯的成分直接影响着焊缝质量，因此焊芯一般由专门的优质焊条钢经轧制、拉拔而成。常用的焊条直径有 2.5 mm、3.2 mm、4.0 mm、5.0 mm 几种。一般焊条长度为 250 ~ 450 mm，一般焊芯越细，焊条长度越短。

压涂在焊芯表面上的涂料层称为药皮。药皮在焊接过程中可以起到稳定电弧、保护熔化金属和添加有益合金元素的作用。此外，药皮熔化后产生的气体可隔离空气，避免有害气体侵入焊缝。

课后练习

1. 什么是铸造？按生产方法不同，铸造分为哪几种？
2. 砂型铸造一般由哪些工艺过程组成？
3. 简述锻造的生产工艺过程。
4. 什么是焊接？按照焊接过程中金属所处的状态不同，可以把焊接方法分为哪几类？
5. 简述焊条电弧焊的焊接原理。

第2章 钳 工

学习目标

1. 了解划线的概念和方法。
2. 了解划线基准的概念及其选择。
3. 了解錾削、锯削与锉削的概念、加工用工具及加工方法。
4. 了解常用孔加工的类型、加工用工具及加工方法。
5. 了解攻螺纹与套螺纹的加工方法。

钳工常见的基本操作有划线、錾削、锯削、锉削、钻孔、扩孔、铰孔、攻螺纹、套螺纹等。

第1节 划 线

一、划线的概念

划线是指在毛坯或工件上，按照图样要求用划线工具划出待加工部位的加工界线或作为基准的点和线的过程，如图 2–1 所示，这些点和线标明了工件某部分的尺寸、位置和形状特征。

划线分平面划线和立体划线两种。如图 2–1a 所示，只需要在工件的一个表面上划线后即能明确表示加工界线的，称为平面划线；如图 2–1b 所示，需要同时在工件几个互成不同角度（通常是互相垂直）的表面上都划线才能明确表示加工界线的，称为立体划线。

划线是机械加工的重要工序之一，广泛用于单件和小批量生产。划出的基准线和加工界线，可作为找正和加工的依据。划线的具体作用如下：

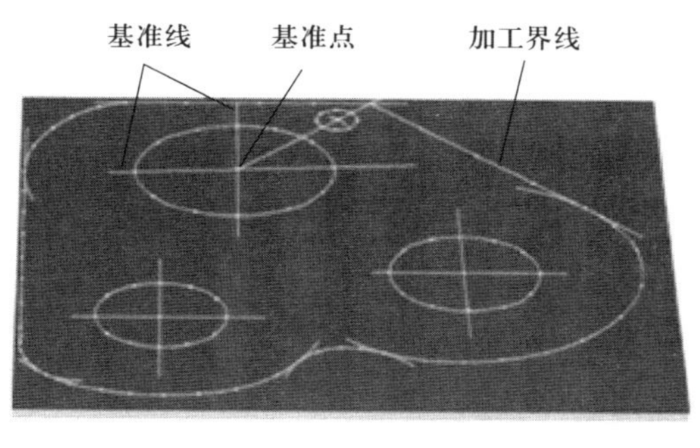

a）

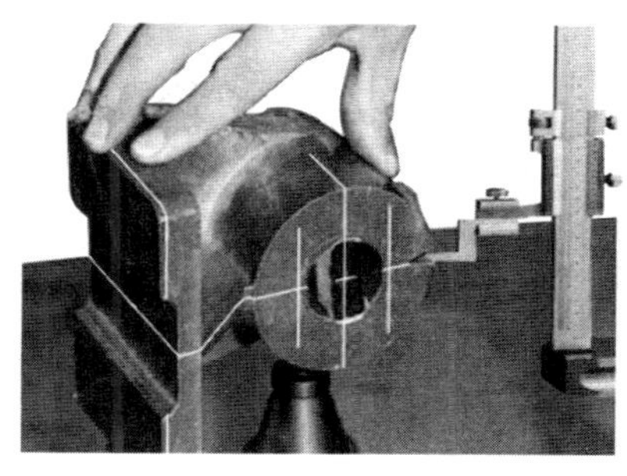

b）

图 2–1　划线
a）平面划线　b）立体划线

1. 确定工件的加工余量，使机械加工有明确的尺寸界线。
2. 便于复杂工件在机床上装夹，可按划线找正、定位。
3. 能够及时发现和处理不合格的毛坯，避免加工后造成损失。
4. 采用借料划线可使误差不大的毛坯得到补救，提高毛坯的利用率。

划线的准确与否，会直接影响产品的质量和生产效率的高低。划线除要求划出的线条清晰、均匀外，最重要的是保证尺寸准确。划线精度一般为 0.25 ～ 0.5 mm。因此，在加工过程中，必须通过测量来保证尺寸的准确度。

二、划线工具与涂料

1. 常用划线工具及应用

钳工常用的划线工具及其用途见表 2–1。

表 2–1　钳工常用的划线工具及其用途

名称	图示	用途
平板		平板用来安放工件和划线工具并在其工作面上完成划线及检测过程。放置时应使平板工作面处于水平状态
划线盘		划线盘用来直接在工件上划线或找正位置。一般情况下，划针的直头端用来划线，弯头端用来找正工件位置

续表

名称	图示	用途
划针		划针是划线用的基本工具。常用的划针由 $\phi3\sim6$ mm 的弹簧钢丝或高速钢制成，其长度为 200 ~ 300 mm，针尖磨成 15° ~ 20° 的尖角，并经热处理淬硬，以提高其硬度和耐磨性
划规		划规用来划圆和圆弧、等分线段、等分角度及量取尺寸等
长划规		长划规专门用来划大尺寸圆或圆弧。在滑杆上调整两个划规脚，就可得到所需要的尺寸
单脚划规	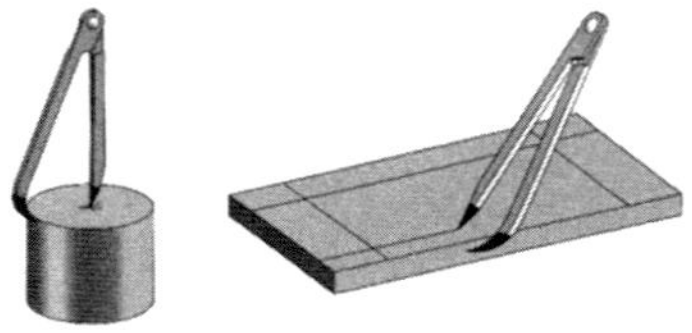 a)　b)	单脚划规可用来求出圆形工件的中心（见图 a），也可沿加工好的平面划平行线（见图 b）
游标高度卡尺	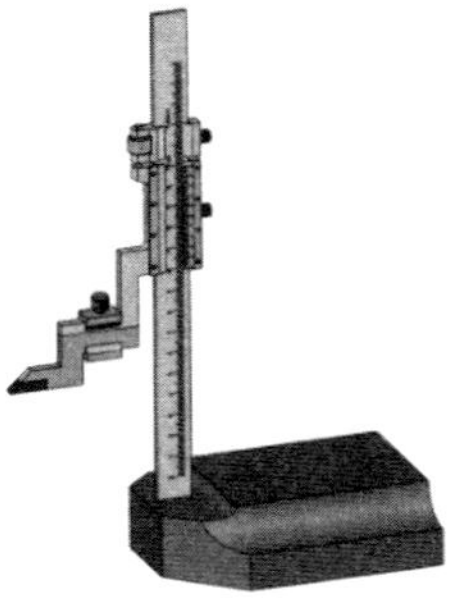	游标高度卡尺既可以用来测量工件的高度尺寸，又可以用量爪直接划线
样冲	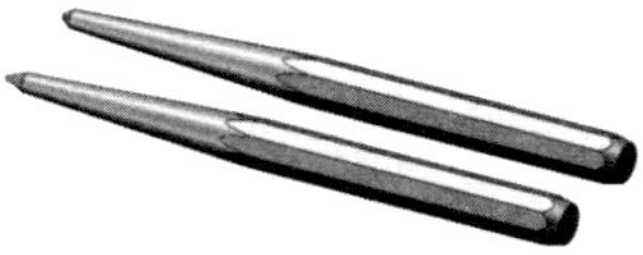	样冲用于在所划的线条或圆弧中心上打样冲眼
直角尺	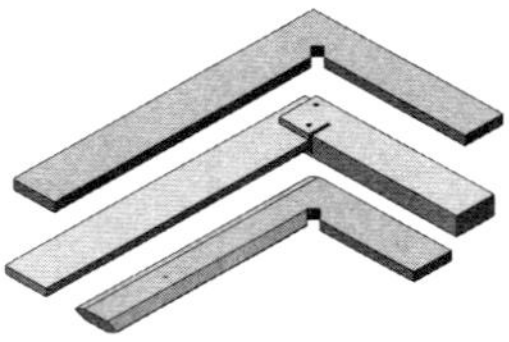	划线时，可用直角尺作为划垂直线或平行线的导向工具，也可用来找正工件在平板上的垂直位置

续表

名称	图示	用途
方箱		方箱是由相互垂直的平面组成的矩形基准器具，又称为方铁。常用的方箱是用铸铁（HT200）制成的具有6个工作面的空腔正方体或长方体，其中一个工作面上有V形槽，结合配件可以对轴类零件进行支承和装夹
V形铁		V形铁一般都是两块一副，V形槽夹角为90°或120°，主要用于支承轴类工件
垫铁	斜楔垫铁 平行垫铁	垫铁一般分为平行垫铁和斜楔垫铁两种。平行垫铁相对的两个平面互相平行，主要用来把工件平行垫高。斜楔垫铁用于支承和调整各种毛坯件，也可用于微量调节工件的高低
千斤顶	顶尖 螺母 锁紧 螺母 螺钉 底座	千斤顶用来支承毛坯或形状不规则的工件进行立体划线。它可调整工件的高度，以便安放不同类型的工件

2. 划线用涂料

为使工件表面上划出的线条清晰，一般在工件表面的划线部位涂上一层薄而均匀的涂料。常用的划线涂料配方及应用见表2–2。

表2–2 常用的划线涂料配方及应用

名称	配制比例	应用场合
石灰水	稀糊状熟石灰水加适量牛皮胶调和而成	用于表面粗糙的铸件、锻件毛坯
蓝油	2% ~ 4%龙胆紫加3% ~ 5%虫胶漆和91% ~ 95%酒精混合而成	用于已加工表面或黄铜等有色金属

三、划线基准的选择

划线时，工件上用来确定其他点、线、面位置所依据的点、线、面称为划线基准。在零件图上，用来确定其他点、线、面位置的基准，称为设计基准。

划线时为了减少不必要的尺寸换算，使划线方便、准确，应从划线基准开始。选择划线基准的基本原则是尽可能使划线基准和设计基准重合。划线基准的类型见表 2-3。

表 2-3　划线基准的类型

类型	图例
以两个互相垂直的平面（或直线）为基准	20 10 划线基准 22.5 5 10 划线基准
以两条互相垂直的中心线为基准	15 12 20° R25 20 6 6 划线基准 划线基准
以一个平面和一条中心线为基准	划线基准 7 2 44 54 划线基准

划线时在工件的每一个方向都要选择一个基准，因此，平面划线时一般要选择两个划线基准，立体划线时一般要选择三个划线基准。

四、划线时的找正和借料

各种铸、锻件由于某些原因，会形成形状歪斜、偏心、各部分壁厚不均匀等缺陷。当形位误差不大时，可通过划线找正和借料的方法来补救。

1. 找正

对于毛坯工件，划线前一般要先做好找正工作。找正就是利用划线工具使工件上有关的表面与基准面（如划线平板）之间处于合适的位置。找正时应注意：

（1）当工件上有不加工表面时，应按不加工表面找正后再划线，这样可使加工表面与不加工表面之间保持尺寸均匀。如图 2–2 所示的轴承架毛坯，内孔和外圆不同心，底面和 *A* 面不平行，划线前应进行找正。在划内孔加工线之前，应先以外圆（不加工表面）为找正依据，用单脚划规找出其中心，然后以找出的中心为基准划出内孔的加工线，这样内孔和外圆就可以达到同心要求。在划轴承座底面加工线之前，应以 *A* 面（不加工表面）为依据，用划针盘找正 *A* 面的位置，使其与划线平板基本平行，然后划出底面加工线，从而保证底座各处的厚度比较均匀。

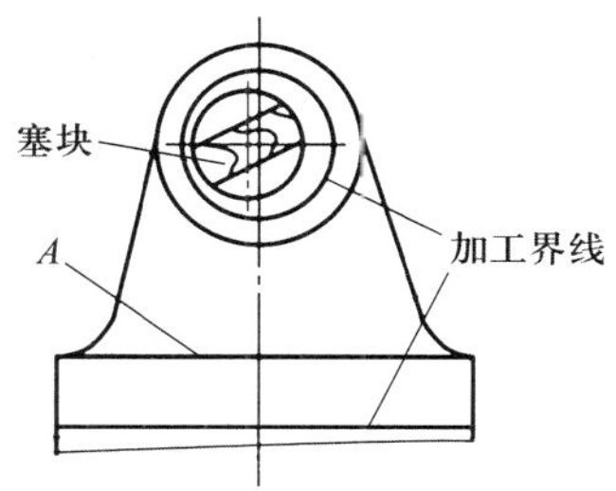

图 2–2　轴承架毛坯工件的找正

（2）当工件上有 2 个以上的不加工表面时，应选择重要的或较大的表面为找正依据，并兼顾其他不加工表面，这样可使划线后的加工表面与不加工表面之间尺寸比较均匀，而使误差集中到次要或不明显的部位。

（3）当工件上没有不加工表面时，通过对各加工表面自身位置的找正后再划线，可使各加工表面的加工余量得到合理分配，避免加工余量相差悬殊。

2. 借料

当毛坯上的误差或缺陷用找正后划线的方法不能补救时，可采用借料的方法来解决。借料是通过试划和调整，将各加工表面的加工余量合理分配，互相借用，从而保证各加工表面都有足够的加工余量，而误差或缺陷可在加工后排除的方法。借料的一般步骤如下：

（1）测量工件的误差情况，找出偏移部位并测出偏移量。

（2）确定借料方向和大小，合理分配各部位的加工余量，划出基准线。

（3）以基准线为依据，按图样要求，依次划出其余各线。

如图 2–3 所示为套筒的锻造毛坯，其内、外圆都要进行加工。如图 2–3a 所示为合格毛坯的划线。如果锻造毛坯的内、外圆偏心量较大，以外圆找正划内孔加工线时，会造成内孔的加工余量不足，如图 2–3b 所示；按内孔找正划外圆加工线时，则会造成外圆的加工余量不足，如图 2–3c 所示。只有将内孔、外圆同时兼顾，采用借料的方法才能使内孔和外圆都有足够的加工余量，如图 2–3d 所示。

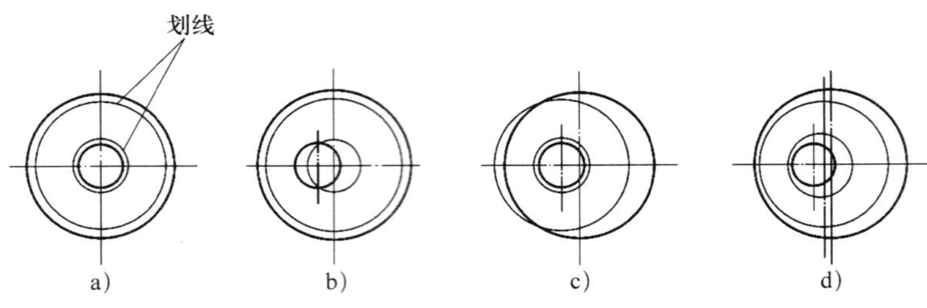

图 2-3　套筒毛坯的划线

a）合格毛坯划线　b）以外圆找正　c）以内孔找正　d）借料划线

第 2 节　錾削、锯削与锉削

一、錾削

用锤子敲击錾子对金属工件进行切削加工的方法称为錾削。錾削是一种粗加工，一般按所划加工线进行加工，平面度可控制在 0.5 mm 之内。目前，錾削工作主要用于不便于机械加工的场合，如清除毛坯上的多余金属、分割材料、錾削平面及沟槽等。

1. 錾削工具

錾削工具主要有錾子和锤子。

（1）錾子

錾子是錾削用的刀具，一般用碳素工具钢（T7A）锻成。它由头部、錾身及切削部分组成，如图 2-4 所示。头部顶端略带球形，以便锤击时作用力容易通过錾子中心线。錾身部分为了便于把持，多为八棱形，以防止錾削时錾子转动。切削部分刃磨成楔形，经热处理后硬度达到 56 ~ 62HRC。

钳工常用的錾子见表 2-4。

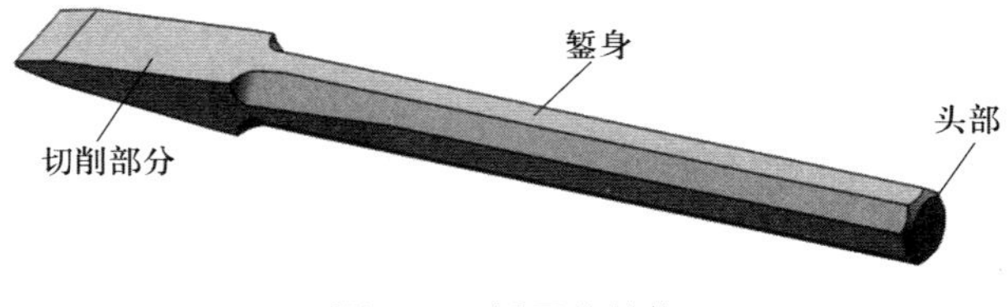

图 2-4　錾子的结构

表 2-4　钳工常用的錾子

名称	图示	特点及用途
扁錾（阔錾）		切削部分扁平，刃口略带弧形，主要用于錾削平面、分割材料及去毛边等
尖錾（狭錾）		切削刃两侧面略带倒锥，以防錾削沟槽时錾子被槽卡住，主要用于錾削沟槽和分割曲线形板材
油槽錾		切削刃较短并呈圆弧形，且与油槽截面一致，其切削部分常做成弯曲形状，便于在曲面上錾削油槽

（2）锤子

钳工常用的锤子（圆头锤）又称榔头，它由锤体、锤柄和倒楔组成，如图 2–5 所示。锤体通常用碳素工具钢锻成，并经淬硬处理。锤柄用硬而不脆的木材制成，截面为椭圆形，以便控制锤体，准确敲击。锤柄装入锤孔后，打入倒楔，以防锤体脱落。

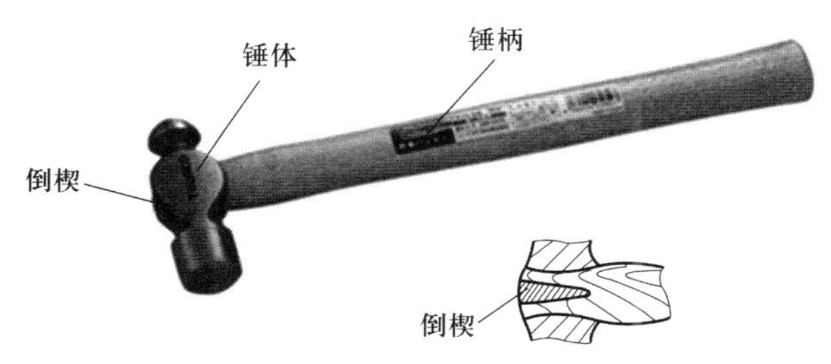

图 2–5　锤子

2. 錾削角度

如图 2–6 所示为錾削平面时所形成的錾削角度。錾削角度的定义和作用见表 2–5，錾削角度的选择见表 2–6。

3. 錾削操作方法

（1）錾子的握法

錾子的握法有正握法和反握法两种。

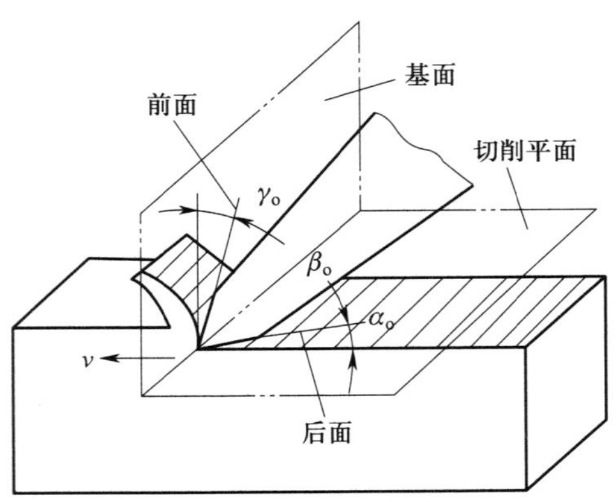

图 2–6　錾削角度

表 2–5　錾削角度的定义和作用

錾削角度	定义	作用
楔角 β_o	錾子前面与后面之间的夹角	楔角小，錾削省力，但刃口薄弱，容易崩损；楔角大，錾削费力，錾削表面不易平整。通常根据工件材料的软硬选取楔角的大小
后角 α_o	錾子后面与切削平面之间的夹角	减少錾子后面与切削表面间的摩擦，使錾子容易切入材料。后角大小取决于錾子手握时的倾斜角度，其对錾削的影响如图 2–7 所示
前角 γ_o	錾子前面与基面之间的夹角	减小切屑变形，使切削轻快。前角越大，切削越省力

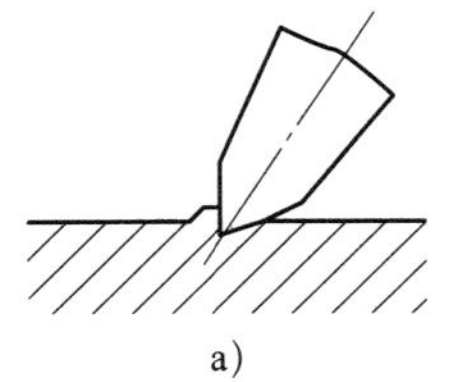
a)

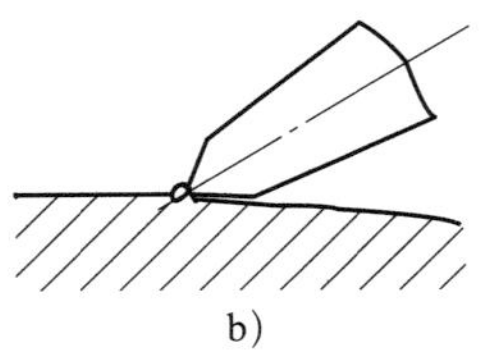
b)

图 2–7　后角对錾削的影响

a）后角过大　b）后角过小

1）正握法。手心向下，腕部伸直，用左手的中指、无名指握住錾子，小指自然合拢，食指和拇指自然接触，錾子头部伸出约 20 mm，如图 2–8a 所示。

2）反握法。手心向上，手指自然捏住錾子，手掌悬空，如图 2–8b 所示。

表 2-6　錾削角度的选择

工件材料	楔角 β_o	后角 α_o	前角 γ_o
工具钢、铸铁等硬材料	60° ~ 70°		
结构钢等中等硬度材料	50° ~ 60°	5° ~ 8°	$\gamma_o=90°-(\beta_o+\alpha_o)$
铜、铝、锡等软材料	30° ~ 50°		

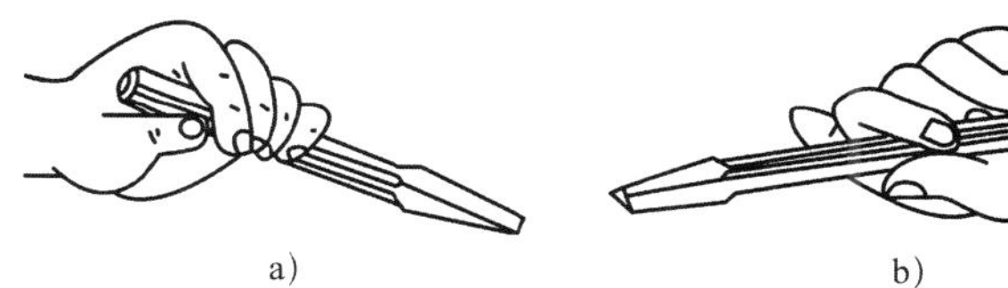

图 2-8　錾子的握法

a）正握法　b）反握法

（2）锤子的握法

锤子的握法有紧握法和松握法两种。

1）紧握法。用右手五指紧握锤柄，拇指压在食指上，虎口对准锤头方向，锤柄尾端露出 15 ~ 30 mm。在挥锤和锤击过程中，五指始终紧握，如图 2-9a 所示。

2）松握法。松握法是只用拇指和食指始终握紧锤柄。在挥锤时，小指、无名指、中指则依次放松。在锤击时，又以相反的次序收拢握紧，如图 2-9b 所示。

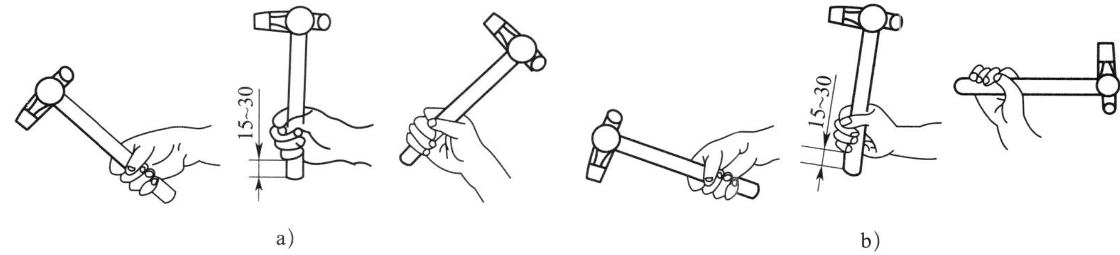

图 2-9　锤子的握法

a）紧握法　b）松握法

（3）站立位置

为了充分发挥敲击力量，操作者必须保持正确的站立位置，如图 2-10 所示。左脚跨前半步，两腿自然站立，人体重心稍微偏向后方，视线要落在工件的錾削部位。

（4）挥锤方法

挥锤方法有腕挥、肘挥和臂挥三种，如图 2-11 所示。

1）腕挥。如图 2-11a 所示，只用手腕的运动挥锤，锤击力较小，采用紧握法握锤，一般用于錾削余量较少及錾削开始或结尾的场合。

2）肘挥。如图 2-11b 所示，用手腕与肘部一起挥动，锤击力较大，应用最广。

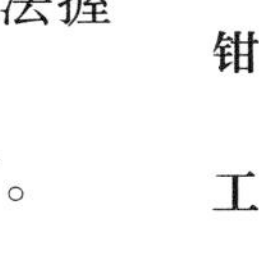

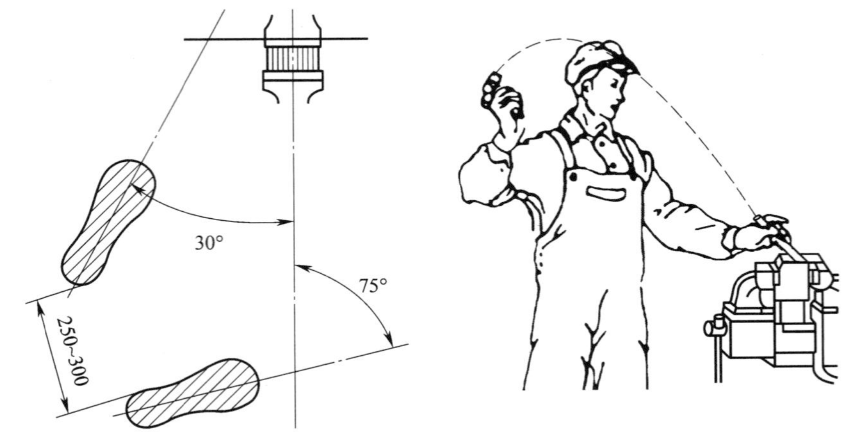

图 2-10　錾削时的正确站立位置

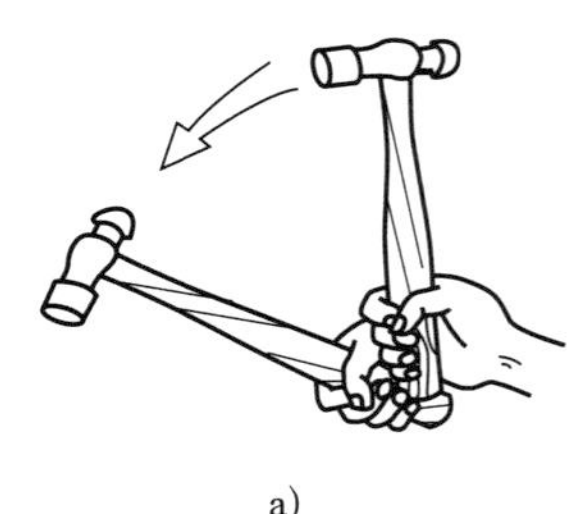

a)

b)

c)

图 2-11　挥锤方法

a）腕挥　b）肘挥　c）臂挥

3）臂挥。如图 2-11c 所示，用手腕、肘和大臂一起挥锤，锤击力最大，常采用松握法握锤，用于需要大力錾削的工作。

4. 錾削时的注意事项

（1）工件夹持要牢固，工件尽量装夹在台虎钳钳口的中间位置，必要时在工件下面垫一木块。

（2）錾削平面时，应从工件的边缘尖角处轻轻地起錾，如图 2-12 所示，将錾子头部向下倾斜，先錾出一小斜面，再将錾子逐渐放正进行分层錾削。

（3）錾槽时必须从正面起錾，如图 2-13 所示，将錾子切削刃抵紧起錾位置，錾子头部向下倾斜，待錾出一小斜面后，再按正常角度进行錾削。

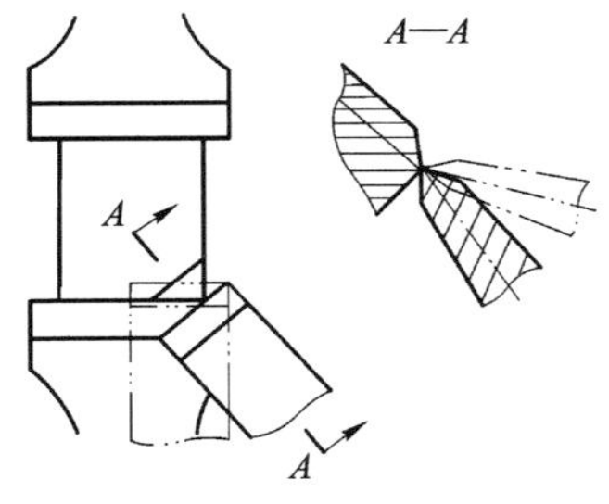

图 2-12　錾削平面起錾方法

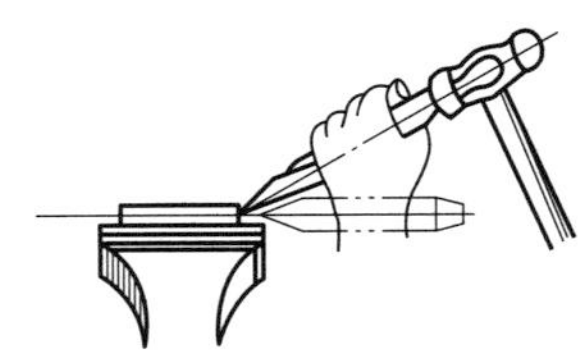

图 2-13　錾槽起錾方法

（4）当錾削距尽头约 10 mm 时，必须掉头錾去余下的部分，以防材料或工件边缘崩裂，如图 2–14 所示。

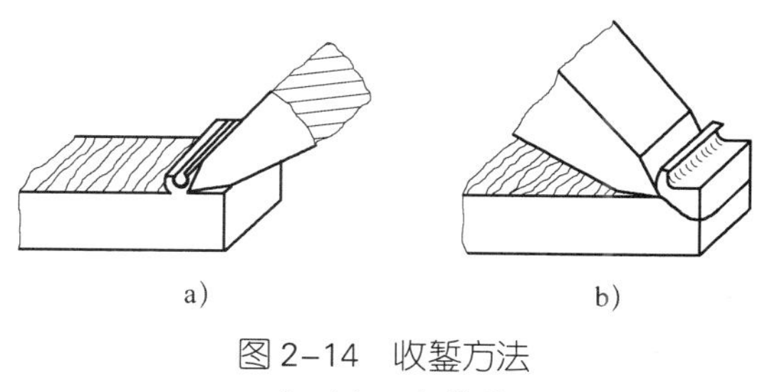

a）　　　　b）

图 2–14　收錾方法

a）正确　b）错误

二、锯削

用手锯对材料或工件进行切断或切槽等的加工方法称为锯削。锯削是一种粗加工，平面度一般可控制在 0.2 ～ 0.5 mm。它具有操作方便、简单、灵活的特点，应用较广。锯削的应用如图 2–15 所示。

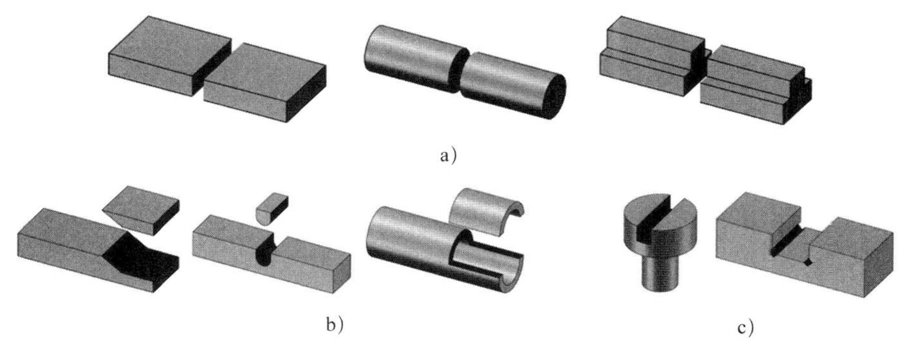

a）

b）　　　　c）

图 2–15　锯削的应用

a）锯断各种原材料或半成品　b）锯掉工件上多余部分　c）在工件上锯沟槽

1. 手锯的组成

手锯由锯弓和锯条两部分组成。锯弓用于安装和张紧锯条，有固定式和可调式两种，如图 2–16 所示。

锯条在锯削时起切削作用，其结构如图 2–17 所示。

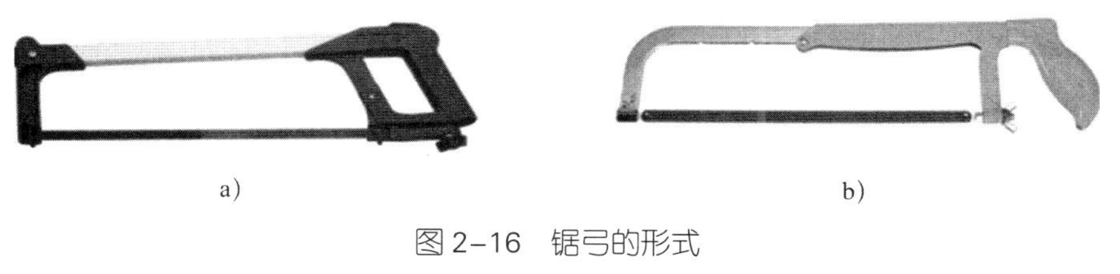

a）　　　　b）

图 2–16　锯弓的形式

a）固定式　b）可调式

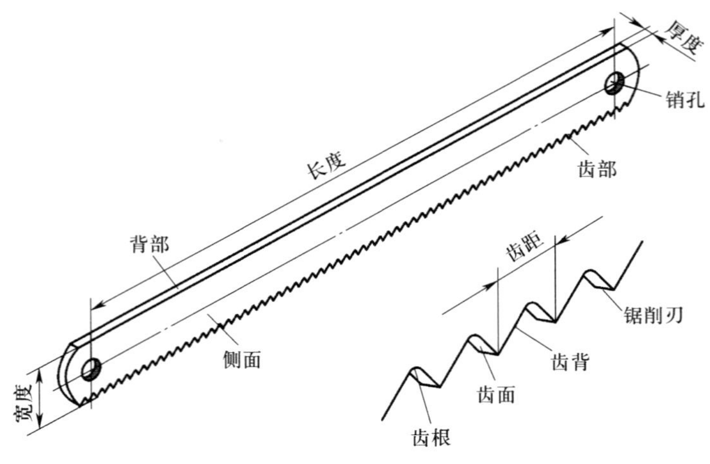

图 2-17　锯条结构

2. 锯条

（1）锯条的规格

锯条的规格包括长度规格和锯齿的粗细规格两部分。锯条的长度规格以两端销孔的中心距来表示，常用的锯条长度为 300 mm。锯齿的粗细规格用锯条 25 mm 长度内的锯齿数或齿距（两相邻锯削刃之间的距离）来表示。

（2）锯条的分齿

在制造锯条时，使锯齿按一定的规律左右错开，排列成一定形状，将锯齿从锯条两侧凸出以提供锯削间隙的方法称为锯条的分齿。锯条的分齿形式有交叉形和波浪形等，如图 2-18 所示。

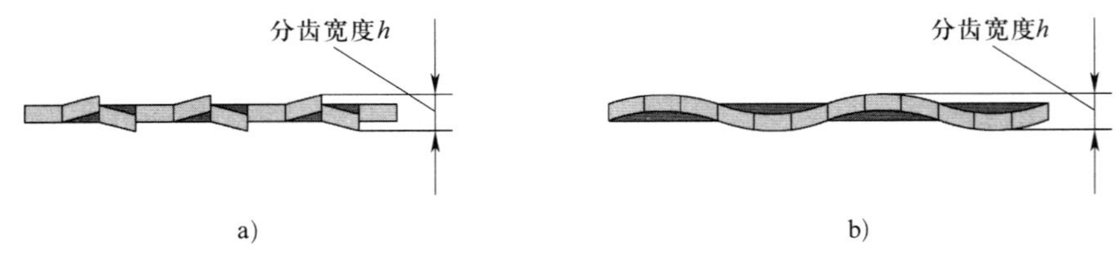

图 2-18　锯条的分齿形式

a）交叉形　b）波浪形

分齿的作用是使工件上的锯缝宽度大于锯条背部的厚度，从而减少了锯削过程中的摩擦，避免“夹锯”和锯条折断现象，延长了锯条的使用寿命。

3. 锯削的操作要点

（1）工件夹持应牢靠，同时要注意防止工件装夹变形或夹坏已加工表面。

（2）合理选择锯条的规格。

（3）锯条的安装应正确，锯齿应朝前、锯条松紧要适当，如图 2-19 所示。

（4）选择正确的起锯方法。起锯方法有远起锯和近起锯两种，为避免锯齿被卡住或崩裂，一般应尽量采用远起锯方法。起锯时起锯角要小些，一般不大于 15°，如图 2-20 所示。

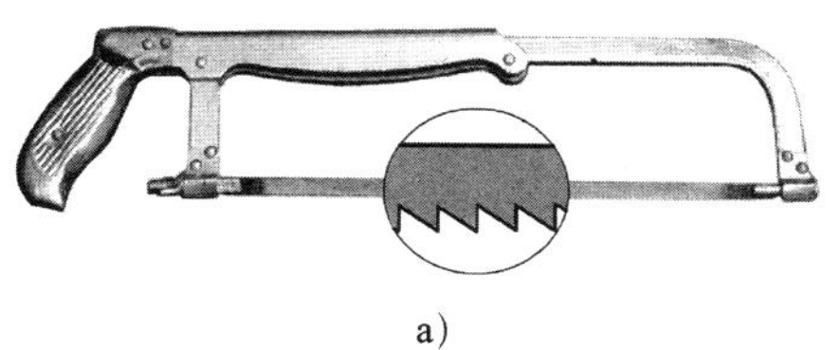
a)

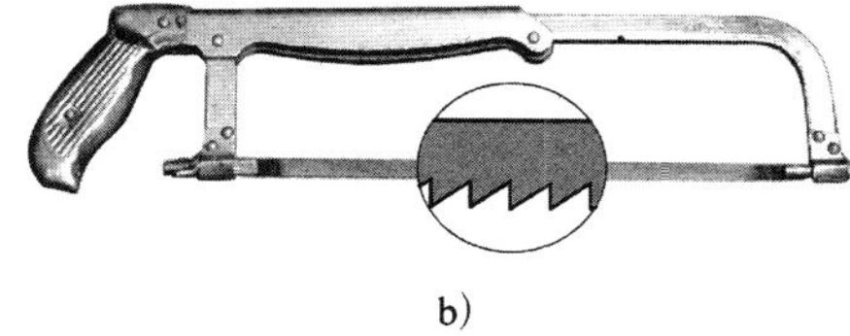
b)

图 2–19　锯条的安装

a）正确　b）错误

（5）锯削姿势正确，压力和速度适当。一般锯削速度为 40 次 /min 左右。

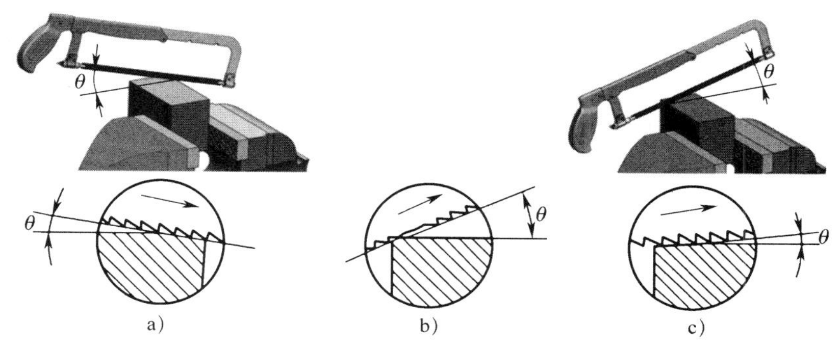

a)　b)　c)

图 2–20　起锯方法

a）远起锯　b）起锯角太大　c）近起锯

三、锉削

用锉刀对工件表面进行切削加工，使其尺寸、形状和表面粗糙度符合要求的操作方法称为锉削。锉削一般是在錾削、锯削之后对工件进行的精度较高的加工，其精度可达 0.01 mm，表面粗糙度 Ra 值可达 0.8 μm。

1. 锉刀的结构

锉刀通常采用碳素工具钢 T12、T13 或优质碳素工具钢 T12A、T13A 制成，经热处理后硬度达 62 ~ 72HRC。锉刀由锉身和锉柄两部分组成，各部分名称如图 2–21 所示。

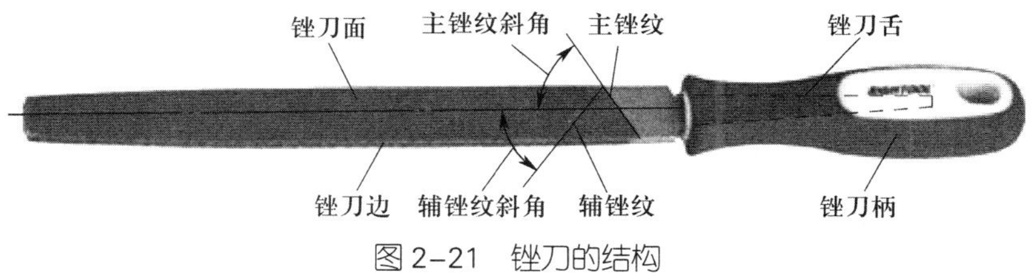

图 2–21　锉刀的结构

锉刀面上有无数个锉齿，根据锉齿的排列方式可分为单齿纹和双齿纹两种，双齿纹由主锉纹（起主要切削作用）和辅锉纹（起分屑作用）构成，如图 2–22 所示。单齿纹锉刀适用于锉削软材料，双齿纹锉刀适用于锉削硬材料。

图 2-22　锉刀的齿纹

a）单齿纹　b）双齿纹

2. 锉刀的规格

普通锉刀的规格分尺寸规格和锉纹号。

对于锉刀的尺寸规格来说，圆锉刀以其断面直径为尺寸规格，方锉刀以其边长为尺寸规格，其他锉刀以锉身长度为尺寸规格。锉刀常用的有 100 mm、150 mm、200 mm、250 mm、300 mm 和 350 mm 等几种。

普通锉刀的锉纹号是根据锉刀每 10 mm 轴向长度内主锉纹的条数来划分的，国家标准《钢锉通用技术条件》（GB/T 5806—2003）将普通锉刀的锉纹号划分为 1 ~ 5 号。常用的普通挫刀有粗齿锉刀、细齿锉刀、油光锉等。

3. 锉刀的选用

锉刀选用是否合理，对工件的加工质量、工作效率和锉刀寿命都有很大的影响。通常应根据工件的表面形状、尺寸精度、材料性质、加工余量以及表面粗糙度等要求来选用锉刀。锉刀断面形状及尺寸应与工件被加工表面形状与大小相适应。

一般来说，粗齿锉刀用于锉削铜、铝等软金属及加工余量大、精度低和表面粗糙的工件，细齿锉刀用于锉削钢、铸铁以及加工余量小、精度要求高和表面粗糙度值较小的工件，油光锉则用于最后修光工件表面。

4. 锉削方法

锉削方法的正确与否，对锉削质量、锉削力量的发挥和人体疲劳程度都有直接的影响。

（1）锉刀的握法

由于锉刀的形状、规格不同，其握法也不同，如图 2-23 所示。

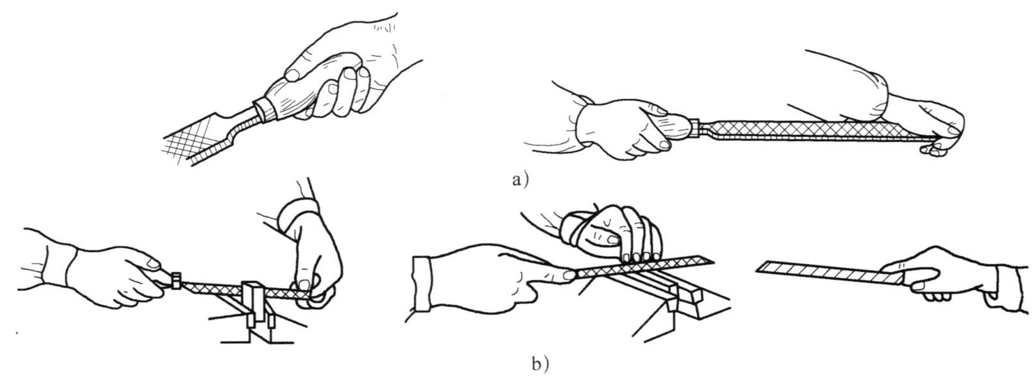

图 2-23　锉刀的握法

a）较大型锉刀的握法　b）中、小型锉刀的握法

（2）站立位置

锉削时的站立位置如图 2–24 所示。两脚距离与自己的肩宽基本一致。

（3）锉削动作

锉削时身体重心要落在左脚上，右膝伸直，左膝部呈弯曲状态，并随锉刀的往复运动而屈伸。如图 2–25 所示，锉削开始时，身体向前倾斜 10° 左右；锉刀推进前 1/3 行程时，身体前倾至 15° 左右；锉刀推进中间 1/3 行程时，身体逐渐向前倾斜至 18° 左右；锉刀推进最后 1/3 行程时，右肘继续向前推进锉刀，身体自然地退回到 15° 左右。当锉削行程结束后，将锉刀略提起退回原位；同时，身体恢复到初始状态。

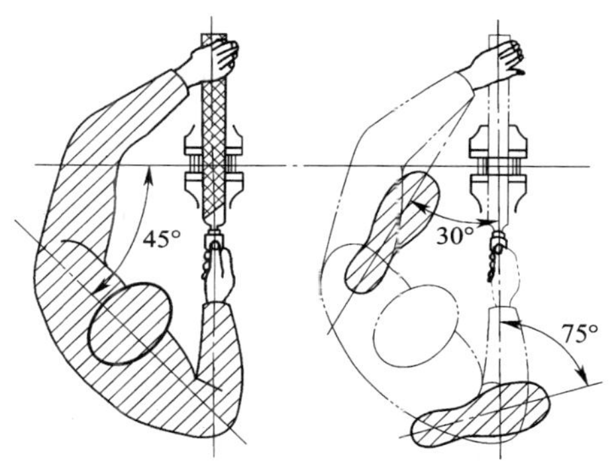

图 2–24　锉削时的站立位置

在锉削过程中，锉刀必须始终保持平稳而不上下摆动，其推力主要由右手控制，而压力则由两手控制。锉削时的速度一般为 40 次 /min 左右，速度太快，容易疲劳和加快锉齿的磨损。推出时稍慢，回程时稍快，动作应自然协调。

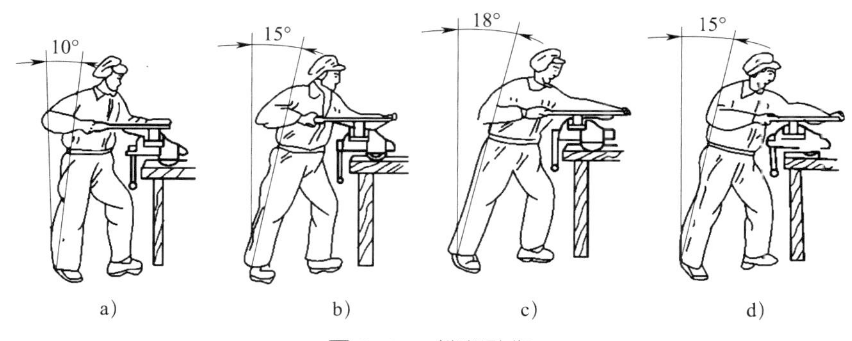

图 2–25　锉削动作

a）锉削开始　b）前 1/3 行程　c）中间 1/3 行程　d）后 1/3 行程

第 3 节　孔　加　工

钳工加工孔的方法主要有两类：一类是用麻花钻、中心钻等在实体材料上加工出孔，另一类是用扩孔钻、锪钻或铰刀等对工件上已有的孔进行再加工。

一、钻孔

用钻头在实体材料上加工孔的方法，称为钻孔。钳工钻孔时常在各类钻床上进行。在钻床上钻孔时，钻头的旋转是主运动，钻头沿轴向的移动是进给运动。钻削时钻头

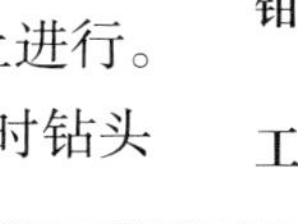

是在半封闭的状态下进行切削的，转速高，切削量大，排屑困难，摩擦严重，钻头易抖动，所以加工精度低，一般尺寸精度只能达到 IT11 ~ IT10，表面粗糙度 *Ra* 值只能达到 50 ~ 12.5 μm。

1. 钻床

钳工常用的钻床有台式钻床、立式钻床和摇臂钻床，如图 2–26 所示。

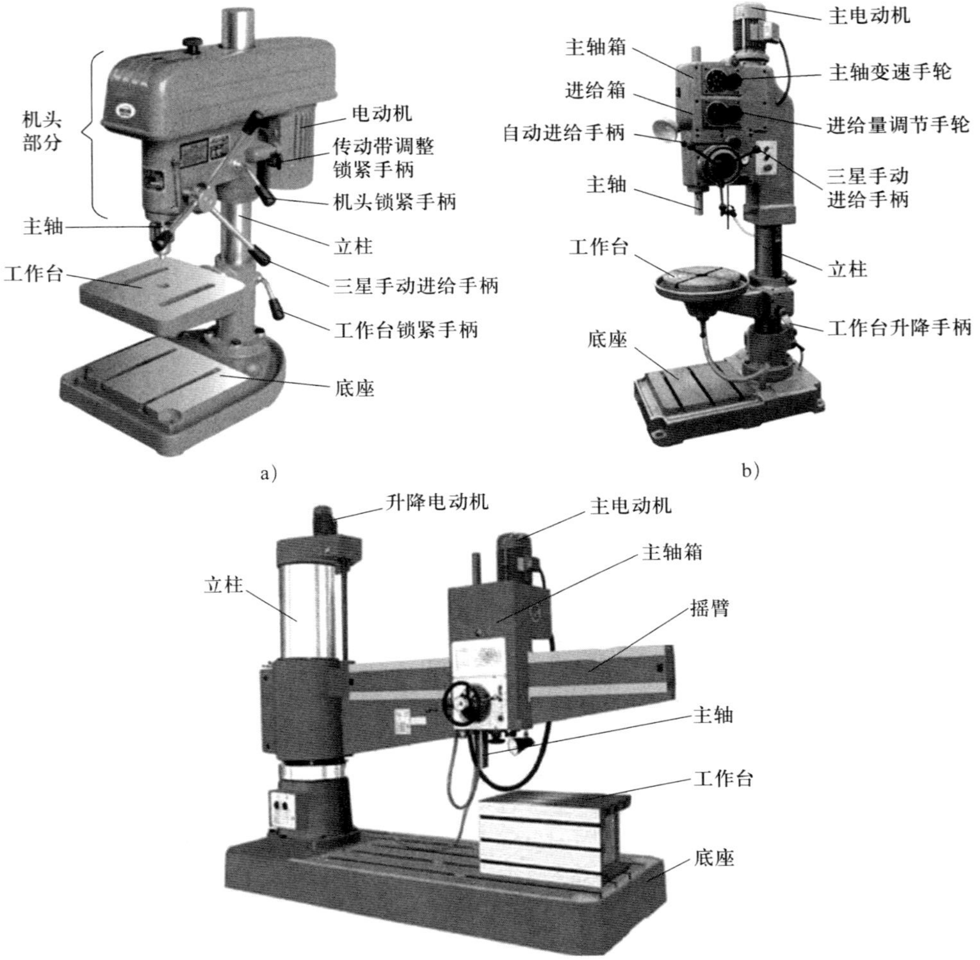

a）

b）

c）

图 2–26　钻床

a）台式钻床　b）立式钻床　c）摇臂钻床

2. 麻花钻

麻花钻是容屑槽由螺旋面构成的钻孔刀具，因钻体部分形状像麻花而得名。麻花钻由工作部分、颈部和柄部组成，如图 2–27 所示。

（1）工作部分

麻花钻的工作部分包括切削部分（又称钻尖）和由两条刃带形成的导向部分。切削部分是由产生切屑的诸要素（主切削刃、横刃、前面、后面、刀尖）所组成的，

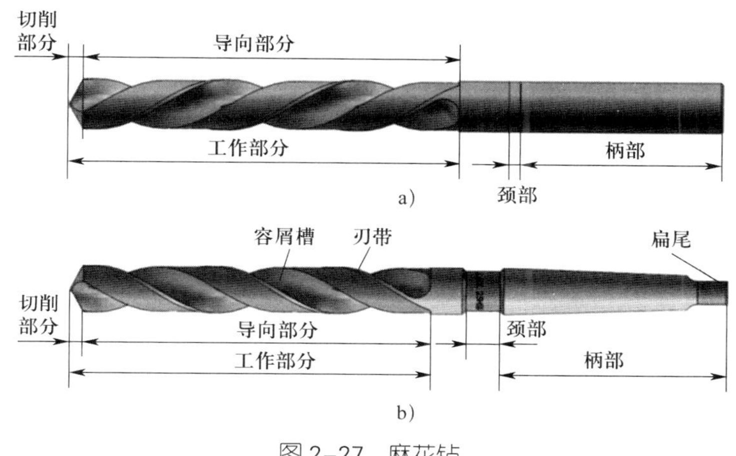

图 2–27 麻花钻

a）直柄麻花钻 b）锥柄麻花钻

它承担着主要的切削工作。标准麻花钻的切削部分由五刃（两条主切削刃、两条副切削刃和一条横刃）、六面（两个前面、两个后面和两个副后面）和三尖（一个钻尖和两个刀尖）组成，如图 2–28 所示。

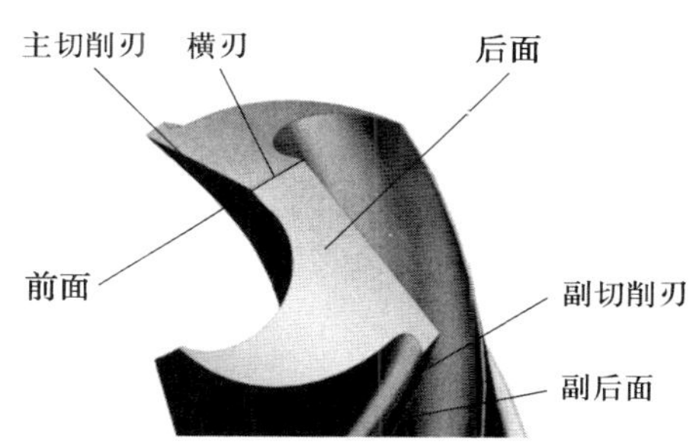

图 2–28 麻花钻的切削部分

麻花钻的导向部分用来保持麻花钻钻孔时的正确方向并修光孔壁，在麻花钻刃磨时可作为切削部分的后备部分。两条容屑槽的作用是形成切削刃，便于容屑、排屑和输入切削液。为了减少刃带与孔壁的摩擦，便于导向，麻花钻的导向部分直径略有倒锥（每 100 mm 长度上为 0.02 ~ 0.12 mm，但总倒锥量不应超过 0.25 mm）。

（2）颈部

颈部的作用是在磨制麻花钻时作为退刀槽使用，通常锥柄麻花钻的规格、材料及商标也都刻印在此处。

（3）柄部

柄部是麻花钻的夹持部分，主要用来连接钻床主轴并传递动力，按与钻床的装夹形式不同分为直柄麻花钻和锥柄麻花钻。

3. 麻花钻的几何角度

麻花钻的主要几何角度有螺旋角、顶角、前角、后角、横刃斜角等，如图 2–29 所示。

（1）螺旋角（β）

副切削刃上选定点的切线与包含该点及轴线组成的平面间的夹角称为螺旋角。麻花钻不同直径处的螺旋角是不同的，外径处螺旋角最大，越接近钻头的中心其螺旋角越小。螺旋角增大则前角增大，有利于排屑，但钻头刚度会下降。标准麻花钻外缘处的螺旋角通常为 30°。

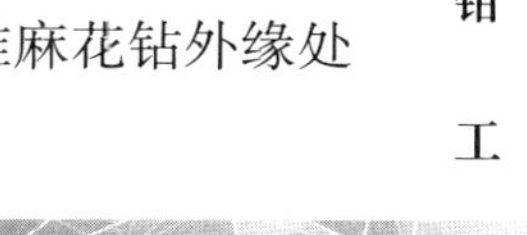

（2）顶角（2φ）

两主切削刃在结构基面上的投影间的夹角称为麻花钻的顶角。顶角越小，轴向力越小，外缘处尖角越大，有利于散热。但在相同条件下，钻头所受转矩增大，切削变形加剧，排屑困难，不利于润滑。顶角的大小一般根据麻花钻的加工条件而定，标准麻花钻的顶角 $2\varphi=118° \pm 2°$，此时两主切削刃呈直线。顶角 $2\varphi>118°$ 时，主切削刃呈凹形；顶角 $2\varphi<118°$ 时，主切削刃呈凸形，如图 2–30 所示。

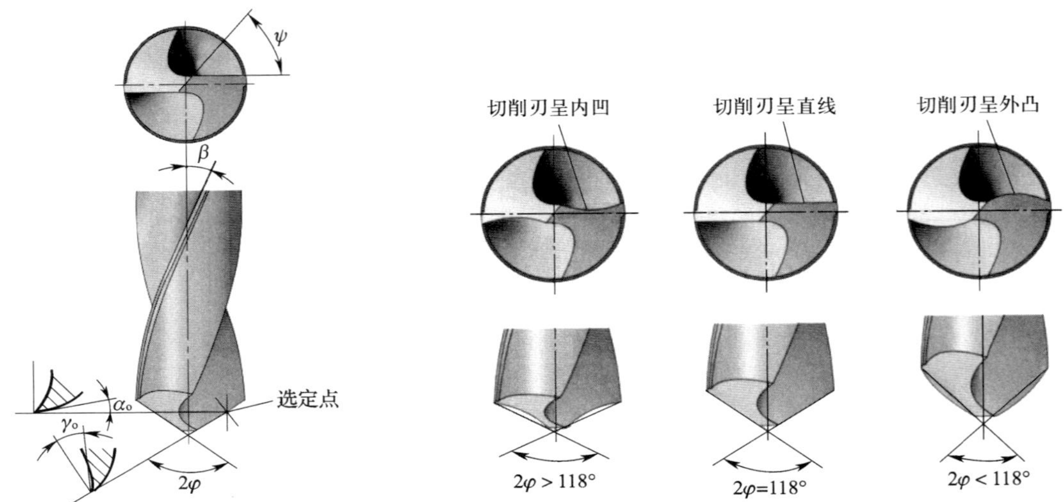

图 2–29　麻花钻的几何角度　　图 2–30　麻花钻顶角与主切削刃形状的关系

（3）前角（γ_o）

在主切削刃上通过选定点的前面与基面的夹角称为前角。前角的大小决定着切除材料的难易程度和切屑在前面上的摩擦阻力的大小。前角越大，切削越省力。由于麻花钻的前面是一个螺旋面，所以主切削刃上的前角大小是变化的，外缘处最大，可达 $\gamma_o=30°$；自外向内逐渐减小，在钻心至 $d/3$（d 为麻花钻的直径）范围内为负值；横刃处的前角 $\gamma_{o\psi}=-60° \sim -54°$；接近横刃处的前角 $\gamma_o=-30°$。

（4）后角（α_o）

通过选定点在柱剖面上的后面与切削平面之间的夹角称为后角。后角的作用是减小麻花钻后面与切削平面间的摩擦。麻花钻主切削刃上各点的后角大小也是变化的，外缘处最小，越接近钻心，后角越大。一般外缘处的后角 $\alpha_o=8° \sim 14°$。

（5）横刃斜角（ψ）

横刃斜角是指主切削刃与横刃在垂直于麻花钻轴线的平面上投影的夹角。当麻花钻后面磨出后，横刃斜角自然形成，其大小与后角有关。标准麻花钻的横刃斜角 $\psi=50° \sim 55°$。

4. 钻削时切削用量的选择

钻削时的切削用量包括切削速度（v_c）、进给量（f）和背吃刀量（a_p），如图 2–31 所示。

钻孔时，由于背吃刀量已由孔径所定，所以只需选择切削速度和进给量。

钻削时切削用量的选用原则是：在允许范围内，尽量先选较大的进给量 f，当 f 受到表面粗糙度和钻头刚度的限制时，再考虑选较大的切削速度 v_c。

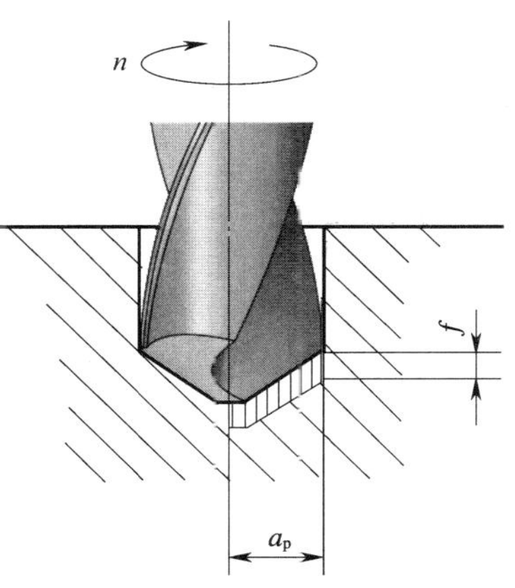

图 2–31　钻削时的切削用量

5. 钻孔的方法

在平面上钻孔常采用划线的方法，划线使两线交叉点在钻孔几何中心处，然后将钻头的钻尖对准划线孔中心冲样眼，将钻头钻入工件。当钻头钻尖约钻入 1/4 时，退出钻头，观察锥坑是否与划线中心同心，如稍有偏斜，可在钻头再次切入工件时用力将工件向偏斜的反方向推移，从而达到纠正位置的目的；若偏得太多，可在修正方向上錾出几条槽，将钻偏的位置进行纠正。

（1）钻通孔

在孔将要被钻透时，进给量要减小，可将自动进给变为手动进给，以避免钻头在钻穿的瞬间抖动，出现“啃刀”现象，影响加工质量，损坏钻头，甚至发生事故。

（2）钻盲孔

钻盲孔时，要注意掌握钻孔深度，以免将孔钻深出现质量问题。控制钻孔深度的方法有调整好钻床上深度标尺挡块、安置控制长度的量具或用划痕做标记。

（3）钻深孔

当钻孔深度超过孔径的 3 倍时，即为深孔。钻深孔时要经常退出钻头及时排屑和冷却；否则容易造成切屑堵塞或使钻头切削部分过热，导致钻头加快磨损甚至折断，影响孔的加工质量。

（4）钻大孔

直径超过 30 mm 的孔应分两次进行钻削，即第一次用直径为 0.5 ~ 0.77D（D 为孔径）的钻头先钻，然后再用直径为 D 的钻头将孔扩大到所要求的直径。分两次钻削，既有利于钻头的使用（负荷分担），也有利于提高钻孔质量。

（5）在圆柱形工件上钻孔

可用定心工具或直角尺找正后钻孔。

（6）在斜面上钻孔

可先在斜面钻孔处铣削出一个小平面或用錾子錾削出一个小平面，然后再钻孔；也可用圆弧刃多能钻直接钻削。

（7）在薄板上钻孔

钻头必须按薄板群钻的几何角度和形状进行刃磨。当孔快钻穿时，要及时停止进给，用锤子将未切掉部分敲打下来。

钻孔时应加注切削液，以降低切削温度，提高切削精度。钻削钢件时一般使用机油作为切削液，但为提高生产效率，则更多地使用乳化液；钻削铝件时，多使用乳化液、煤油；钻削铸铁件则使用煤油。

二、扩孔

用扩孔刀具对工件上原有的孔进行扩大加工的方法称为扩孔，一般用于直径大于30 mm的孔。标准扩孔钻的结构及扩孔原理如图2–32所示。

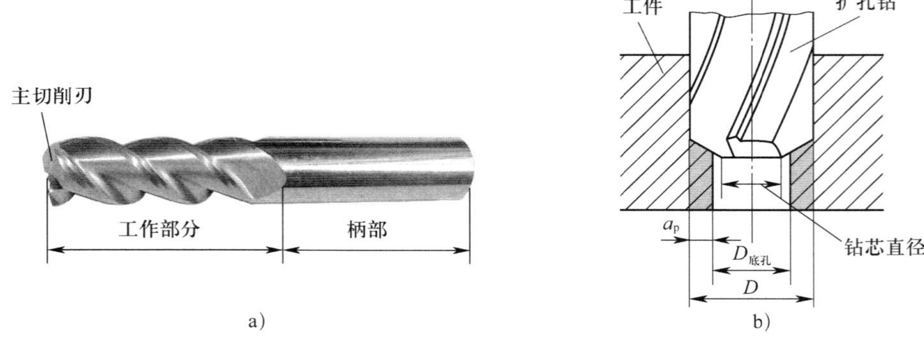

图2–32 标准扩孔钻的结构及扩孔原理

a）标准扩孔钻的结构 b）扩孔原理

D—扩孔后的直径 $D_{底孔}$—扩孔前的直径

1. 扩孔的特点

（1）扩孔钻因其中心不切削，无横刃，切削刃只做成靠边缘的一段，避免了由横刃切削所引起的不良影响。

（2）因扩孔产生的切屑体积小，不需大容屑槽，故扩孔钻可加粗钻芯，以提高刚度，使切削平稳。

（3）由于容屑槽较小，扩孔钻可做出较多刀齿，增强导向作用，一般整体式扩孔钻有3 ~ 4个主切削刃。

（4）扩孔时，背吃刀量较小，切屑易排出，切削阻力小。

（5）由于扩孔时的切削条件优于钻孔，因此扩孔精度可达IT9，表面粗糙度Ra值可达3.2 μm，常作为孔的半精加工及铰孔前的预加工。

2. 扩孔方法

（1）扩孔时先钻出比图样要求小的底孔，然后再用扩孔钻将孔径扩大至要求。

（2）用扩孔钻扩孔时，底孔直径为要求直径的0.8 ~ 0.9倍，进给量为钻孔时的1.5 ~ 2倍，切削速度约为钻孔时的1/2。当采用手动进给时，进给量要均匀一致。

（3）在实际生产中，也常用麻花钻代替扩孔钻，一般用麻花钻扩孔时，底孔直径约为要求直径的0.5 ~ 0.77倍。

（4）用麻花钻扩孔时，应适当减小麻花钻的前角，以防止扩孔时扎刀。

三、铰孔

用铰刀从工件孔壁上切除微量金属层，以提高其尺寸精度和表面质量的加工方法，称为铰孔。铰刀是精度较高的多刃刀具，具有切削余量小、导向性好、加工精度高等特点。铰孔尺寸精度一般为 IT9 ~ IT7，表面粗糙度 *Ra* 值一般为 3.2 ~ 0.8 μm。

1. 铰刀

如图 2–33 所示，铰刀由柄部、颈部和工作部分组成。工作部分包含导锥、切削部分和校准部分。导锥用于将铰刀引入孔中，不起切削作用；切削部分承担主要的切削任务；校准部分有圆柱刃带，主要起定向、修光孔壁、保证铰孔直径等作用。铰刀齿数一般为 4 ~ 8 齿，为测量直径方便，多采用偶数齿。

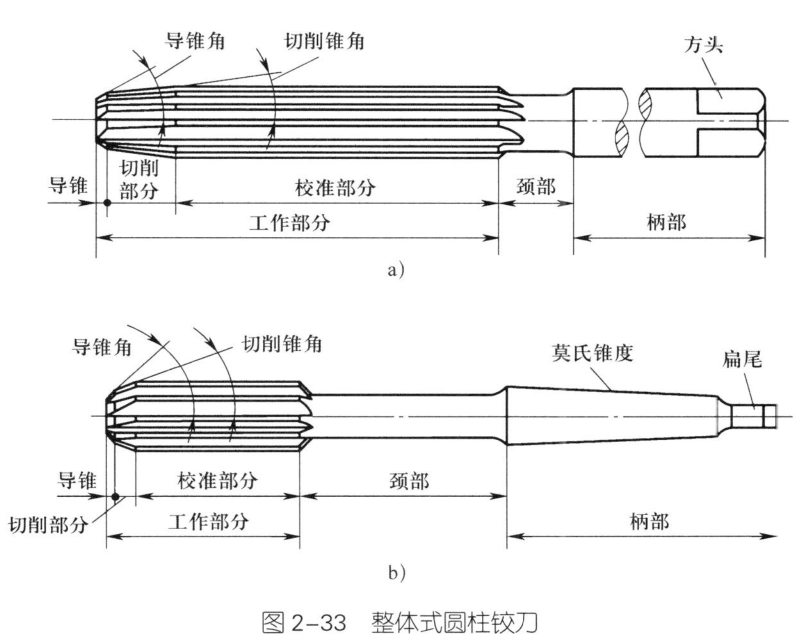

图 2–33 整体式圆柱铰刀

a）手用 b）机用

2. 铰削余量

铰削余量太大会使切削刃负荷增大，变形增大，被加工表面呈撕裂状态，同时加剧铰刀磨损；铰削余量太小，上道工序所留下的切削刀痕不能全部去除，达不到铰孔精度要求。因此，铰削余量的选择直接影响铰削精度和表面粗糙度，铰削余量的选择见表 2–7。

表 2–7 铰削余量的选择 单位：mm

铰孔直径	<5	5 ~ 20	21 ~ 32	33 ~ 50	51 ~ 70
铰孔余量	0.1 ~ 0.2	0.2 ~ 0.3	0.3	0.5	0.8

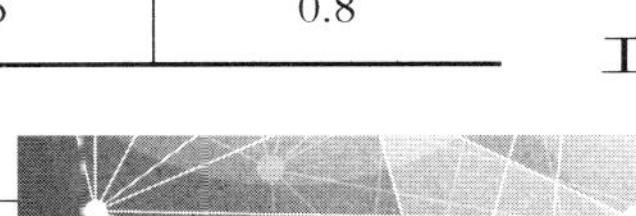

3. 铰孔方法

（1）手铰时，两手用力要平衡，速度要均匀，以保持铰削的稳定性，避免出现喇叭口或将孔径扩大。

（2）铰孔时，不论进刀还是退刀都不能反转。否则会使切屑卡在孔壁与刀齿后面形成的楔形腔内，将孔壁划伤，甚至挤崩刀齿刃口。

（3）机铰时，应使工件一次装夹进行钻、扩、铰，以保证铰刀中心线与钻孔中心线同轴。铰孔完成后，要待铰刀退出后再停车，以防将孔壁拉出痕迹。

（4）铰削尺寸较小的圆锥孔时，可先以小端直径钻出底孔，然后用锥铰刀铰削。对于锥度比较大或尺寸和深度较大的圆锥孔，为减小切削余量及刀齿负荷，铰孔前可先钻出台阶孔，然后再用锥铰刀铰削，如图 2–34 所示。铰削过程中要经常用相配的锥销来检查铰孔尺寸。

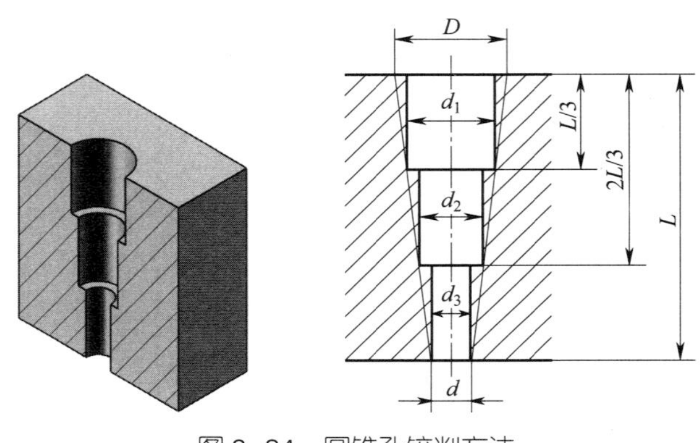

图 2–34　圆锥孔铰削方法

第 4 节　螺 纹 加 工

钳工在装配与机修工作中常用的螺纹加工方法是攻螺纹和套螺纹。

一、攻螺纹

用丝锥在孔中切削出内螺纹的加工方法，称为攻螺纹。

1. 攻螺纹工具

（1）丝锥

丝锥由柄部和工作部分组成，其基本结构如图 2–35 所示。柄部起夹持和传递转矩的作用。在工作部分上沿轴向开有几条容屑槽，以形成锋利的切削刃，前段为切削部分，起切削和引导作用；后段为校准部分，可修整螺纹牙型。为了减小牙侧的摩擦，在校准部分的直径上略有倒锥。

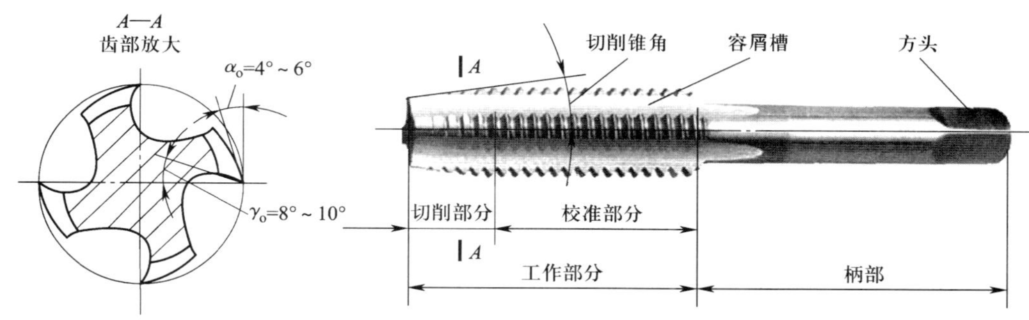

图 2–35　丝锥的基本结构

（2）铰杠

铰杠是手工攻螺纹时用来夹持丝锥的工具。常用铰杠分普通铰杠和丁字铰杠两种，如图 2–36 所示。

图 2–36　铰杠

a）普通铰杠　b）丁字铰杠

2. 底孔直径与孔深的确定

（1）攻螺纹前底孔直径的确定

攻螺纹时，丝锥对金属层有较强的挤压作用，使攻出螺纹的小径小于底孔直径，因此攻螺纹之前的底孔直径应稍大于螺纹小径。

对于钢件或塑性较大的材料，底孔直径的计算公式为：

$$D_{孔}=D-P$$

式中　$D_{孔}$——攻螺纹前底孔直径，mm；

D——螺纹公称直径，mm；

P——螺距，mm。

对于铸铁或塑性较小的材料，底孔直径的计算公式为：

$$D_{孔}=D-(1.05 \sim 1.1)P$$

（2）螺纹底孔深度的确定

攻盲孔螺纹时，由于丝锥切削部分有锥角，端部不能攻出完整的螺纹牙型，所以钻孔深度要大于螺纹的有效长度，如图 2–37 所示。其底孔深度的计算公式为：

$$H=h+0.7D$$

式中 H——底孔深度，mm；

h——螺纹有效长度，mm；

D——螺纹公称直径，mm。

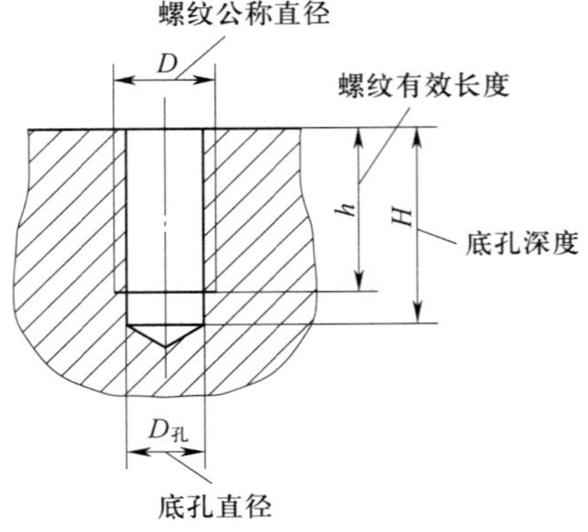

图 2–37　螺纹底孔深度的确定

3. 攻螺纹方法

（1）按确定的攻螺纹的底孔直径和深度钻底孔，并将孔口倒角，倒角直径应稍大于螺纹公称直径，以便于丝锥顺利切入，并可防止孔口被挤压出凸边。

（2）起攻时，可一手用手掌按住铰杠中部沿丝锥轴线用力加压，另一手配合将丝锥按顺时针方向旋进；或两手握住铰杠两端均匀施压，并将丝锥按顺时针方向旋进，保证丝锥中心线与孔中心线重合，如图 2–38 所示。

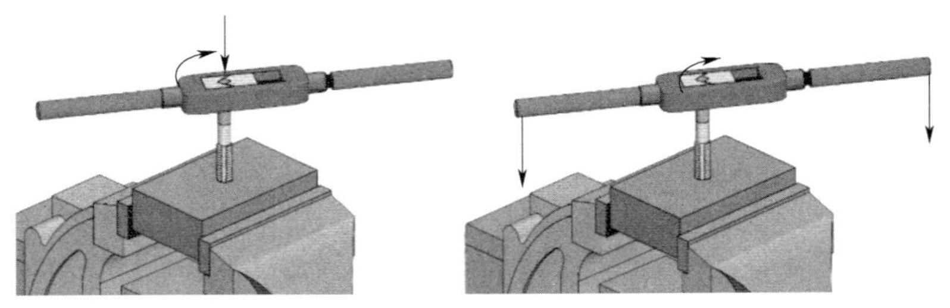
图 2–38　起攻方法

（3）当丝锥攻入 1 ～ 2 圈时，应检查丝锥与工件表面的垂直度，并不断校正，如图 2–39 所示；丝锥的切削部分全部进入工件时，只需均匀转动铰杠。每正转 1/2 ～ 1 圈要倒转 1/4 ～ 1/2 圈，进行断屑和排屑。

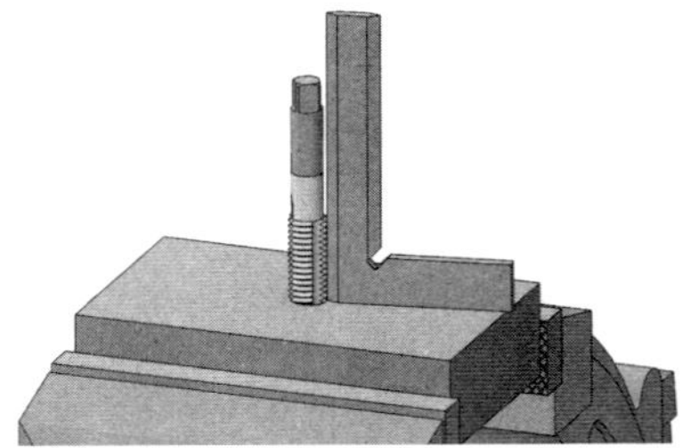
图 2–39　检查丝锥与工件表面的垂直度

（4）攻螺纹时，必须以头锥、二锥、精锥顺序攻削至标准尺寸。

（5）对于韧性材料，在攻螺孔时要加合适的切削液。

二、套螺纹

用板牙在圆杆上加工出外螺纹的方法，称为套螺纹。

1. 套螺纹工具

套螺纹用的工具包括板牙和板牙架，其结构如图 2–40 所示。板牙由合金工具钢或高速钢制成，在板牙两端面处有带锥角的切削部分，中间一段为具有完整牙型的校准部分，因此正、反均可使用。另外在板牙圆周上开一 V 形槽，其作用是当板牙磨损螺纹直径变大后，可沿该 V 形槽磨开，借助板牙架上的两调节螺钉进行螺纹直径的微量调节，以延长板牙的使用寿命。

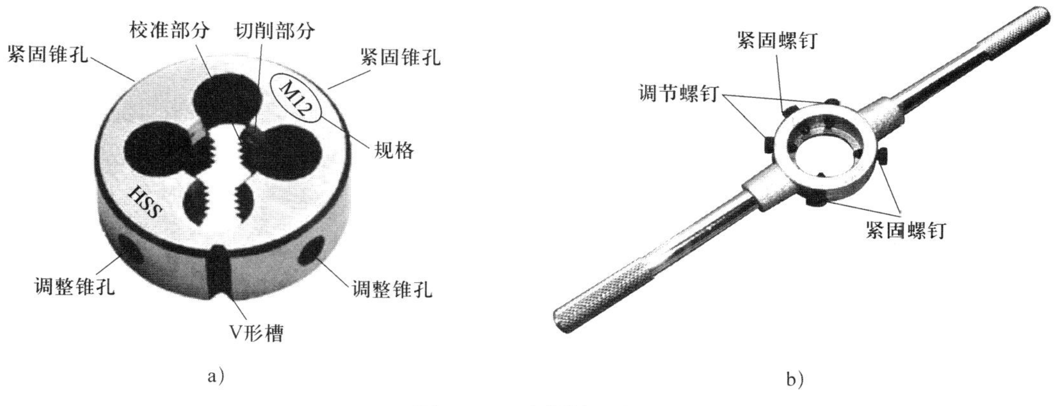

图 2–40　套螺纹工具

a）板牙　b）板牙架

2. 圆杆直径的确定

套螺纹时，由于板牙牙齿对材料不但有切削作用，还有挤压作用，其牙顶将被挤高，所以圆杆直径应小于螺纹公称尺寸。套螺纹前圆杆直径一般可按下列经验公式来确定：

$$d_{杆}=d-0.13P$$

式中　$d_{杆}$——套螺纹前圆杆直径，mm；

d——螺纹公称直径，mm；

P——螺距，mm。

3. 套螺纹的方法（以右旋螺纹为例）

如图 2–41 所示，套螺纹前应将圆杆顶端倒角 15° ~ 20°，以便板牙容易切入，圆锥的最小直径应稍小于螺纹小径。开始套螺纹时要尽量使板牙端面与圆杆轴线垂直，并适当施加向下的压力，同时按顺时针方向转动板牙架。当切入 1 ~ 2 圈后再次校验垂直度，然后不再施加向下的压力，只两手用力均匀转动板牙架即可。在套螺纹过程中，板牙要经常逆时针旋转 1/4 圈，使切屑断碎并及时排出，并加注适当切削液。

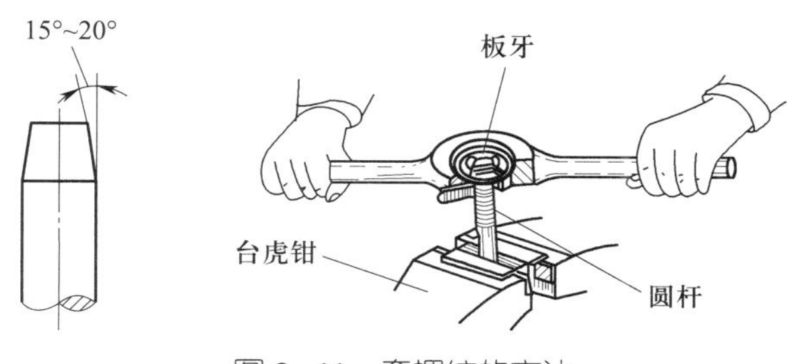

图 2–41　套螺纹的方法

课后练习

1. 什么是划线？划线分为哪两类？划线的作用是什么？
2. 划线基准类型有哪三类？
3. 什么是找正？什么是借料？
4. 錾削角度有哪几个？各有什么作用？
5. 简述锯削的操作要点。
6. 简述锉削动作。
7. 麻花钻的主要几何角度有哪些？
8. 简述钻孔的方法。
9. 简述铰孔的方法。
10. 如何确定攻螺纹前的底孔直径？

车　　削

学习目标

1. 了解车削的概念及车削的主要工作。
2. 了解 CA6140 型卧式车床的主要组成部件及其作用。
3. 了解车削运动的组成。
4. 了解常用刀具结构及几何角度。
5. 了解常用表面的车削方法。

第1节　车床及工艺装备

一、车削加工

车削是在车床上利用工件的旋转运动和刀具的移动来改变毛坯形状和尺寸，将其加工成所需零件的一种切削加工方法。其中工件的旋转为主运动，刀具的移动为进给运动。在车床上可以车外圆、车端面、车槽、切断、车圆锥面、车成形面、滚花、钻中心孔、钻孔、扩孔、铰孔、车孔、车各种螺纹及盘绕弹簧等。如果在车床上装上其他附件和夹具，还可以进行磨削、研磨、抛光以及各种复杂形状的零件的外圆、内孔等的加工。车削的主要工作见表 3-1。

表 3-1　车削的主要工作

车外圆	车端面	钻中心孔
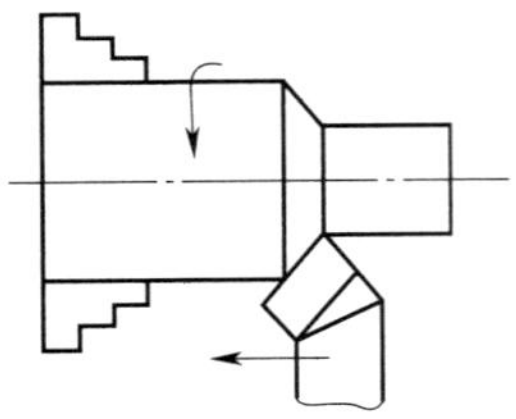	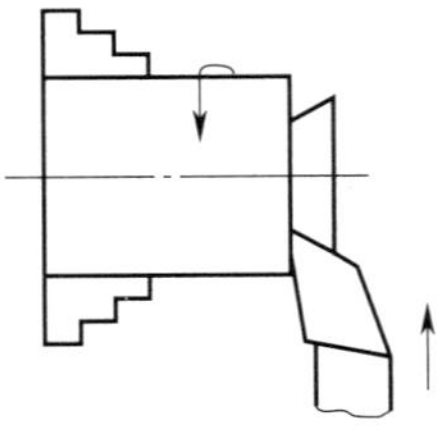	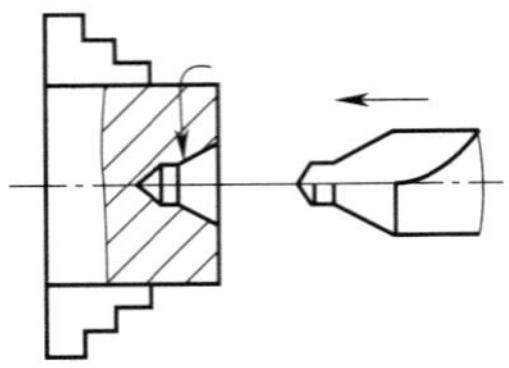
钻孔	铰孔	车孔
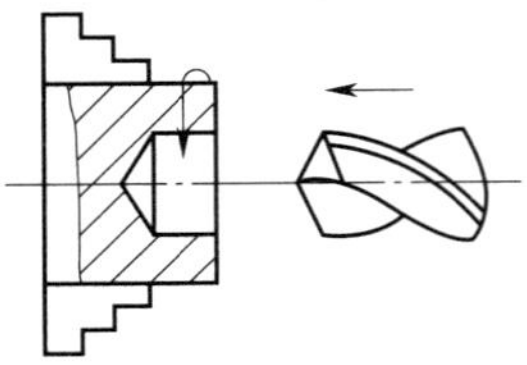	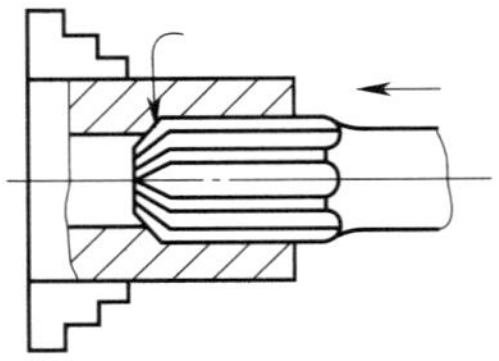	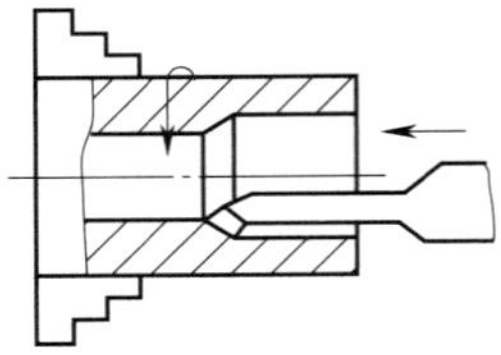
车圆锥面	车槽	车成形面
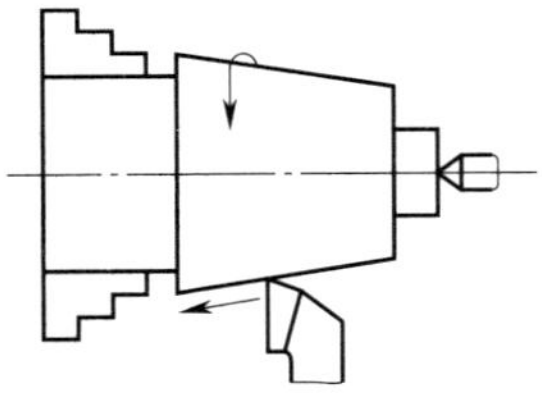	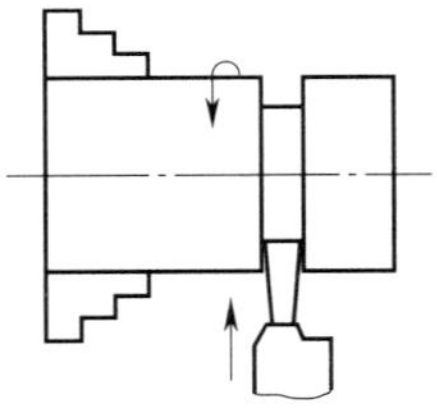	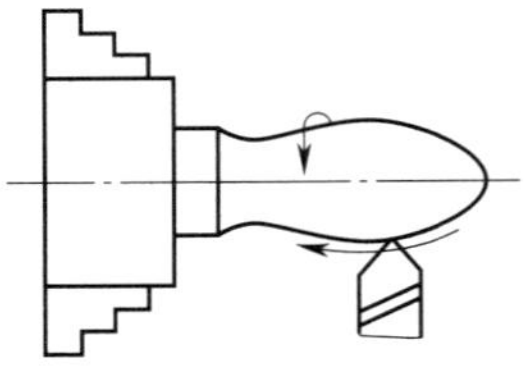
滚花	车螺纹	攻螺纹
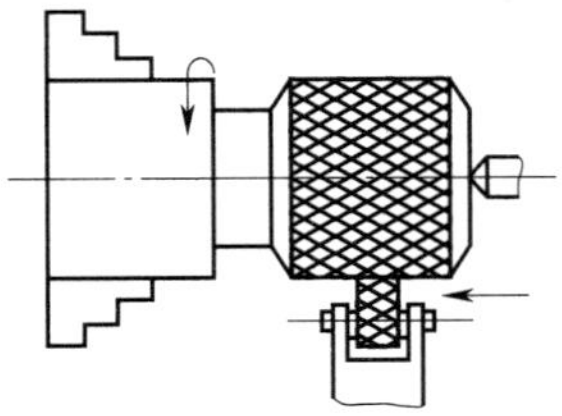	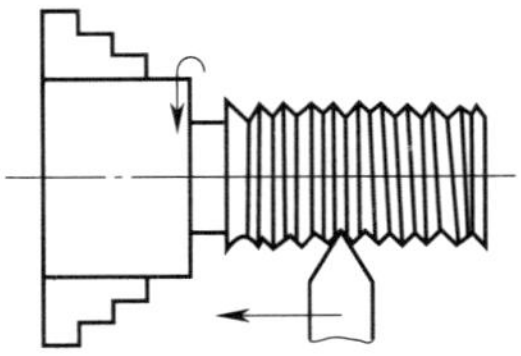	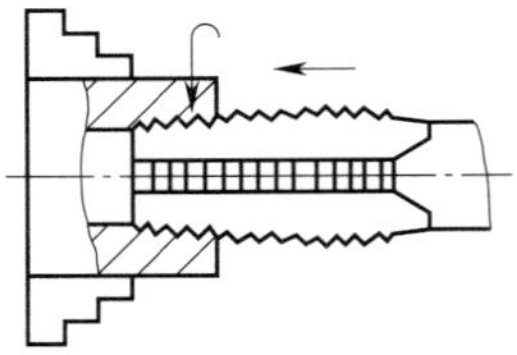

二、车床

车床的种类很多，主要有仪表小型车床，单轴自动车床，多轴自动、半自动车床，回转、轮塔车床，立式车床，落地及卧式车床，仿形及多刀车床等。如图 3-1 所示为 CA6140 型卧式车床的外形，其主要部件及功能见表 3-2。

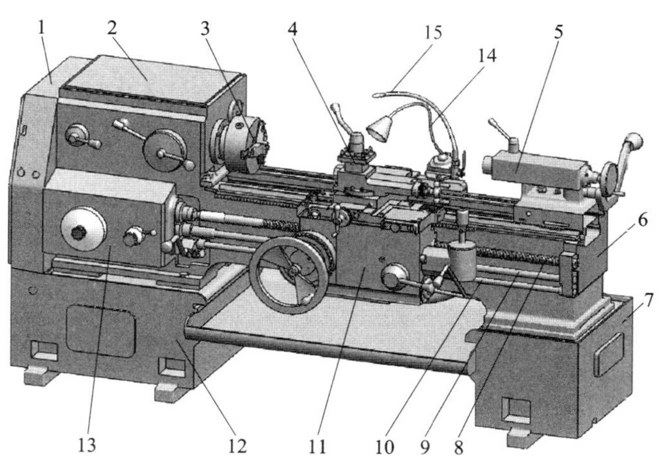

图 3-1　CA6140 型卧式车床的外形

1—交换齿轮箱　2—主轴箱　3—卡盘　4—刀架　5—尾座　6—床身　7、12—床脚　8—丝杠
9—光杠　10—操纵杆　11—溜板箱　13—进给箱　14—照明灯　15—冷却装置

表 3-2　CA6140 型卧式车床主要部件及功能

名称	作用	图示
主轴箱及卡盘	主轴箱内装有齿轮和主轴等，组成变速传动机构；主轴箱外有手柄，变换手柄的位置，可使主轴得到多种转速 主轴通过卡盘等夹具装夹工件，并带动工件旋转，以实现车削的主运动	
交换齿轮箱	交换齿轮箱用来把主轴箱的转动传递给进给箱。更换箱内的齿轮，配合进给箱内的变速机构，可以得到车削各种螺距螺纹（或蜗杆）的进给运动，并满足车削时对不同纵、横向进给量的需求	
进给箱	进给箱是进给传动系统的变速机构。它把交换齿轮箱传递过来的运动，经过变速后传递给丝杠，以实现各种螺纹的车削；传递给光杠，以实现机动进给	

续表

名称	作用	图示
溜板箱	溜板箱接受光杠或丝杠传递的运动，以驱动床鞍和中、小滑板及刀架实现车刀的纵、横向进给运动。溜板箱上还装有一些手轮、手柄及按钮，可以方便地操纵车床来选择诸如机动、手动、车螺纹及快速移动等运动方式	
床身	床身是一个大型基础部件，有精度要求很高的导轨，用于支承和连接车床的各个部件，并保证各部件在工作时有准确的相对位置	
刀架部分	刀架部分由两层滑板（中、小滑板）、床鞍与刀架共同组成，用于安装车刀并带动车刀做纵向、横向或斜向运动	
尾座	尾座安装在床身导轨上，并可沿此导轨纵向移动，以调整其工作位置。尾座主要用来安装后顶尖，以支承较长的工件，也可安装钻头、铰刀等切削刀具进行孔加工	
床脚	床脚与床身下部两端连为一体，用以支承床身及安装在床身上的各个部件。同时通过地脚螺栓和调整垫块使整台车床固定在工作场地上，并使床身调整到水平状态	
照明灯及冷却装置	照明灯使用安全电压，为操作者提供充足的光线，保证操作环境明亮，便于观察和测量 冷却装置主要通过冷却泵将水箱中的切削液加压后喷射到切削区域，降低切削温度，冲走切屑，润滑加工表面，以提高刀具使用寿命和工件的表面加工质量	

三、车削运动

1. 表面成形运动

表面成形运动是车床为了形成工件表面，刀具和工件的相对运动。它可以由刀具或工件单独完成，也可由刀具和工件共同完成。车削运动分为主运动和进给运动，如图 3–2 所示。

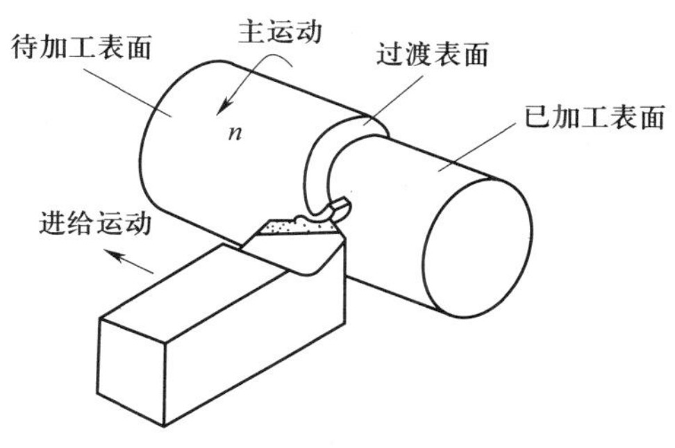

图 3–2　车削运动

车床的主运动就是工件的旋转运动，主运动是实现切削最基本的运动，它的运动速度较高，消耗功率较大。电动机的回转运动经 V 带传动机构传递到主轴箱，在主轴箱内经变速、变向机构再传到主轴，使主轴获得 24 级正向转速（转速范围为 10 ~ 1 400 r/min）和 12 级反向转速（转速范围为 14 ~ 1 580 r/min）。

车床的进给运动就是刀具的移动。刀具做平行于车床导轨的纵向进给运动（如车外圆柱表面），或做垂直于车床导轨的横向进给运动（如车端面），也可做与车床导轨成一定角度方向的斜向运动（如车圆锥面）或做曲线运动（如车成形面）。

进给运动的速度较低，所消耗的功率也较少。主轴的回转运动从主轴箱经交换齿轮箱、进给箱传递给光杠或丝杠，使它们回转，再由溜板箱将光杠或丝杠的回转运动转变为滑板、刀架的直线运动，使刀具做纵向或横向的进给运动。CA6140 车床的纵向进给速度共 64 级（进给量范围为 0.08 ~ 1.59 mm/r），横向进给速度共 64 级（进给量范围为 0.04 ~ 0.79 mm/r）。

2. 辅助运动

为实现机床的辅助工作而必需的运动称为辅助运动。辅助运动包括刀具的移近、退回，工件的夹紧等。在卧式车床上这些运动通常由操作者用手工操作来完成。

为了减轻操作者的劳动强度和节省移动刀架所耗费的时间，CA6140 车床还具有单独的快移电动机驱动的刀架，以便实现纵向及横向的快速移动。

四、车刀

按用途不同，可将车刀分为外圆车刀、端面车刀、切断刀、内孔车刀、成形车刀和螺纹车刀等，常用车刀如图 3–3 所示。

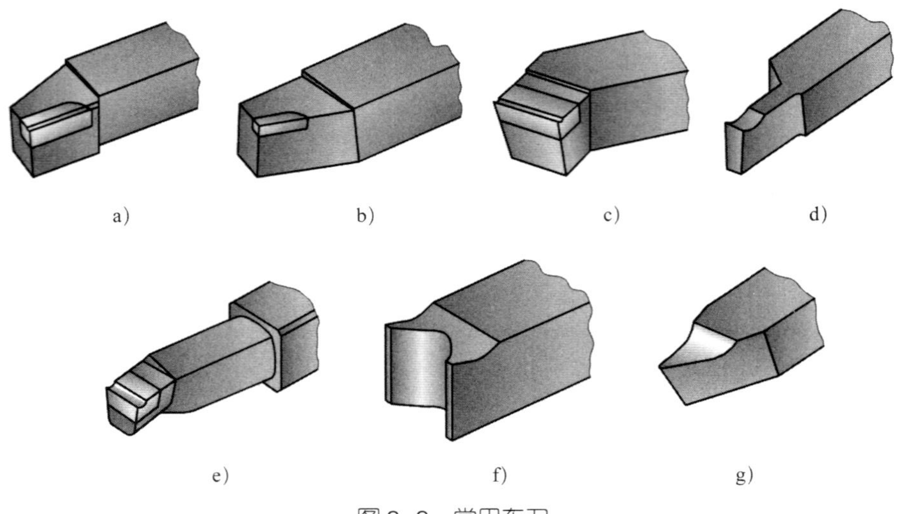

图 3–3　常用车刀

a）90° 车刀　b）75° 外圆车刀　c）45° 弯头车刀

d）切断刀　e）内孔车刀　f）成形车刀　g）螺纹车刀

1. 车刀的结构

车刀一般由切削部分和夹持部分（刀柄）组成。

（1）切削部分

切削部分是车刀最重要的部分，它直接承担切除工件上多余金属层的任务，并且直接影响工件的加工质量和生产效率。外圆车刀的结构如图 3–4 所示。

从图 3–4 可以看出，车刀的切削部分由“三面两刃一尖”（即前面 A_γ、后面 A_α、副后面 A_α'、主切削刃 S、副切削刃 S'、刀尖）组成。

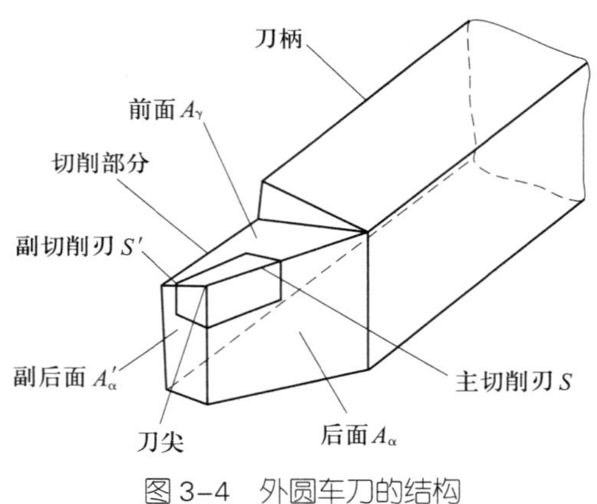

图 3–4　外圆车刀的结构

1）前面（A_γ）。前面是指刀具上切屑流出时所流经的表面。前面可为平面，也可为曲面，以使切屑顺利流出。

2）后面（A_α）。后面是指刀具上与工件上过渡表面相对的表面。它倾斜一定角度以减小与工件的摩擦。

3）副后面（A_{α}'）。副后面是指刀具上与工件上已加工表面相对的表面。它倾斜一定角度，以免擦伤已加工表面。

4）主切削刃（S）。主切削刃是指刀具上前面与后面相交的部位，它担负主要切削工作。

5）副切削刃（S'）。副切削刃是指刀具上前面与副后面相交的部位，它协同主切削刃完成金属的切除工作，以最终形成工件的已加工表面。

6）刀尖。刀尖是主、副切削刃连接处的那一小部分切削刃。它并非绝对尖锐，一般都呈圆弧状，以保证刀尖有足够的强度和耐磨性。

（2）夹持部分（刀柄）

夹持部分用于把车刀装夹在刀架上，以便将机床的动力传递给刀具，完成切削工作。

2. 刀具角度

为使切削运动顺利进行，刀具切削部分必须具有适宜的几何形状，即组成刀具切削部分的各表面之间都应有正确的相对位置，这些位置是靠刀具角度来保证的。

（1）刀具静止参考系

参考系是用于定义和规定刀具角度的各基准坐标平面。用于定义刀具设计、制造、刃磨和测量时的几何参数的参考系称为刀具静止参考系（见图 3–5），规定刀具进行切削加工时的几何参数的参考系称为刀具工作参考系。

刀具静止参考系的主要基准坐标平面有基面 p_r、假定工作平面 p_f、切削平面 p_s、副切削平面 p_s'、正交平面 p_o。

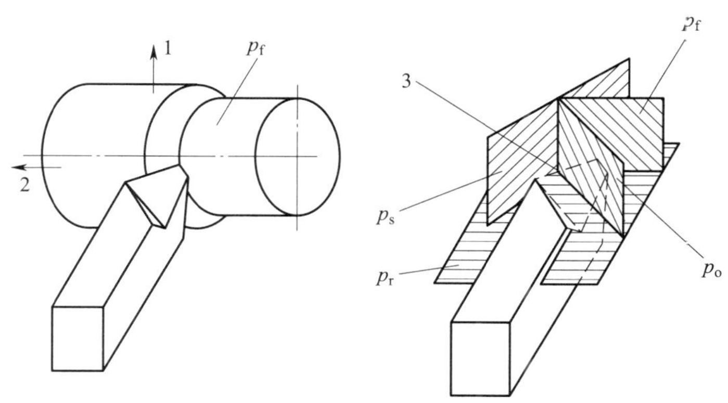

图 3–5　刀具静止参考系

1—假定主运动方向　2—假定进给运动方向　3—切削刃选定点

（2）刀具切削部分的主要角度

车刀的切削部分共有五个独立的基本角度，如图 3–6 所示。

1）前角（γ_o）。前角是指前面与基面之间的夹角，它表示刀具前面的倾斜程度，可以是正值、负值或零。前角应根据工件材料、刀具切削部分的材料及加工要求进行选择。

2）后角（α_o）。后角是指后面与切削平面之间的夹角，它表示刀具后面的倾斜程度。

3）主偏角（κ_r）。主偏角是指主切削平面与假定工作平面之间的夹角。

4）副偏角（κ'_r）。副偏角是指副切削平面与假定工作平面之间的夹角。

5）刃倾角（λ_s）。刃倾角是指主切削刃与基面之间的夹角。

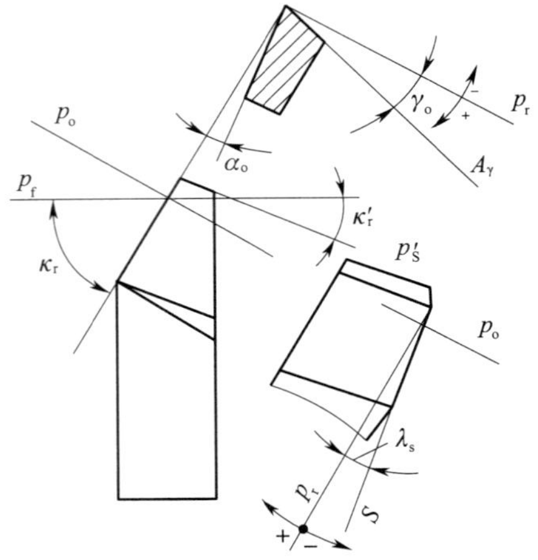

图 3-6　车刀切削部分的主要角度

（3）车刀几何角度对加工质量的影响

车刀的切削性能、锋利程度及强度主要决定于车刀的几何角度。其中前角、后角、主偏角和刃倾角是主切削刃上四个最基本的角度，它们对切屑变形、切削力、切削温度、刀具的磨损及加工质量都有显著的影响。合理地选择和改进车刀的角度可以保证加工质量、提高生产率。

1）前角（γ_o）的选择。前角的大小决定切削刃的强度和锋利程度。前角增大，刀尖锋利、易切削、切屑变形小，可降低切削力和切削温度，提高加工质量；但前角过大，使刀尖强度降低，易崩刃、切削力大、切削热多，增大刀具磨损。所以前角的选择原则是：在保证刀具寿命的条件下，尽量选择大的前角。具体选择时应根据工件材料、刀具材料和加工性质要求来确定。

2）后角（α_o）的选择。后角的作用是减少刀具后面与工件上过渡表面之间的摩擦，以提高工件的表面质量，延长刀具的使用寿命。后角过小会引起刀具和过渡表面之间的剧烈摩擦，使切削区的温度急剧升高，其现象是切屑颜色加深，工件因热膨胀使尺寸加大，甚至产生严重的加工硬化。反之，增大后角能明显改善上述情况，但后角过大时，将使楔角过小，切削刃强度削弱，散热条件变差，反而降低了刀具寿命。

在保证刀具有足够的强度和散热体积的基础上，保证刀具锋利和减少刀具后面与工件的摩擦，所以后角的选择应根据刀具、工件材料和加工条件而定。在粗加工时以确保刀具强度为主，应取较小的后角（α_o=4°～6°）；在精加工时以保证加工表面质量为主，一般取 α_o=8°～12°。工件材料硬度高、强度大或者加工脆性材料时取较小后角；反之，后角可取大值。高速钢刀具的后角比同类型的硬质合金刀具稍大一些。当工艺系统刚度差，为防止振动，取较小后角。

3）主偏角（κ_r）和副偏角（κ'_r）的选择。主偏角和副偏角的大小除了影响加工表面的质量外，对切削分力的大小和比例、刀尖强度、散热条件、排屑与断屑等均有影响。

主偏角的选择原则是：粗加工时，为了减振、防崩刃，主偏角应取较大值；为了减小表面粗糙度值，主偏角应取较小值；加工强度高、硬度高的材料时，为提高刀具寿命，应选取较小的主偏角；工艺系统刚度好时，主偏角应取较小值，反之应取较大值。

副偏角的选择原则是：一般刀具的副偏角，在不引起振动的情况下可选取较小的数值；精加工刀具的副偏角应取得更小些，必要时，可磨出一段 κ'_r=0° 的修光刃；加工高强度、高硬度材料或断续切削时，应取较小的副偏角，以提高刀尖强度；切断刀为了使刀头强度和重磨后刀头宽度变化较小，只能取较小的副偏角。

4）刃倾角（λ_s）的选择。刃倾角的主要作用是控制排屑方向，车刀刃倾角正负值的规定及使用情况见表 3-3。

表 3-3　车刀刃倾角正负值的规定及使用情况

刃倾角角度值	$\lambda_s>0°$	$\lambda_s=0°$	$\lambda_s<0°$
正负值的规定	刀尖位于主切削刃的最高点	主切削刃和基面平行	刀尖位于主切削刃的最低点
排出切屑情况	车削时，切屑排向工件的待加工表面方向，切屑不易擦毛已加工表面，车出的工件表面粗糙度值小	车削时，切屑基本上沿垂直于主切削刃的方向排出	车削时，切屑排向工件的已加工表面方向，容易使已加工表面出现毛刺
刀尖强度和冲击点先接触车刀的位置	刀尖强度较差，尤其是在车削圆度误差大的工件受冲击时，冲击点先接触刀尖，刀尖易损坏	刀尖强度一般，冲击点同时接触刀尖和切削刃	刀尖强度高，在车削有冲击的工件时，冲击点先接触远离刀尖的切削刃处，从而保护了刀尖
使用场合	精车时，为了避免切屑将已加工表面拉毛，刃倾角应取正值，λ_s=0° ~ 8°	车削工件圆度误差小、余量均匀的工件时，刃倾角应取 λ_s=0°	粗加工或断续切削时，为了增加刀头强度，刃倾角取负值，λ_s=−5° ~ −15°

五、工件的装夹方法

1. 用自定心卡盘装夹工件

用自定心卡盘装夹工件的方法如图 3–7 所示，适用于装夹中小型工件，正三边形或正六边形工件。该方法由于能自动定心，一般不需要找正。

2. 用单动卡盘装夹工件

用单动卡盘装夹工件的方法如图 3–8 所示，单动卡盘的四个卡爪是各自独立运动的，因此，在装夹工件时，必须将工件加工部位的回转中心找正到与车床主轴回转中心重合。

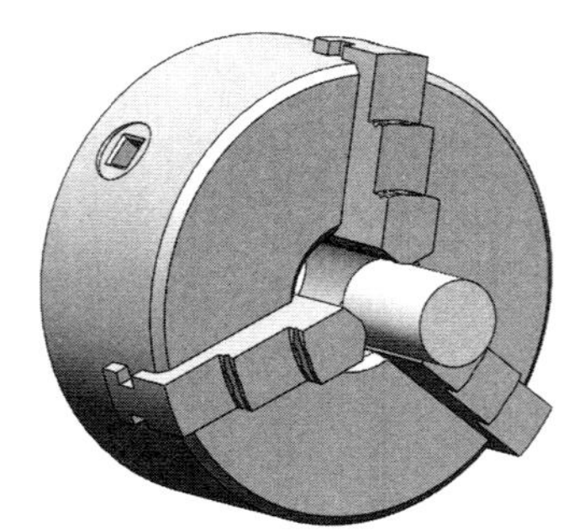

图 3–7 用自定心卡盘装夹工件

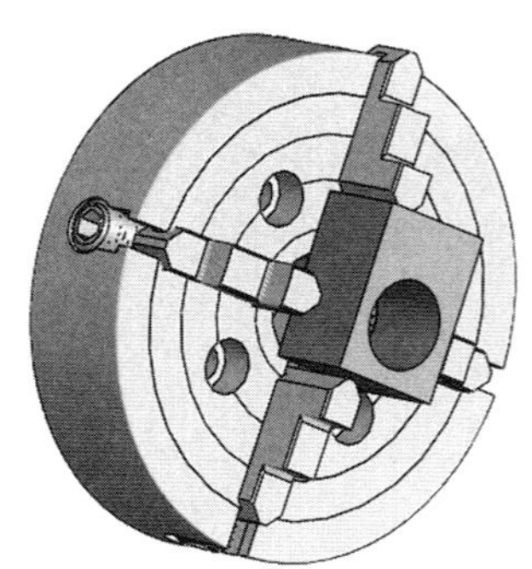

图 3–8 用单动卡盘装夹工件

3. 用两顶尖及鸡心夹头装夹工件

用两顶尖及鸡心夹头装夹工件的方法如图 3–9 所示，适用于多工序加工中重复定位精度较高的轴类工件的装夹。

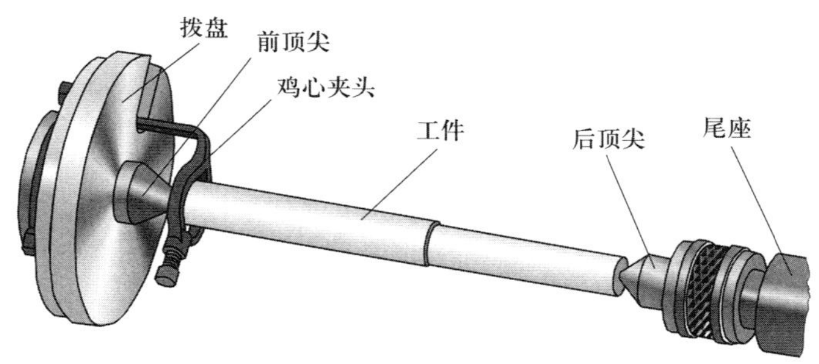

图 3–9 用两顶尖及鸡心夹头装夹工件

4. 用一夹一顶的方法装夹工件

用两顶尖装夹轴类工件，虽定位精度高，但其刚度较低，尤其是对粗大笨重的工件，装夹时稳定性不够，切削用量的选择受到限制，这时通常选用工件一端用卡盘夹持，另一端用后顶尖支撑，即一夹一顶的方法装夹工件，如图 3–10 所示。工件的轴向定位需要用限位支撑或工件的台阶实现。

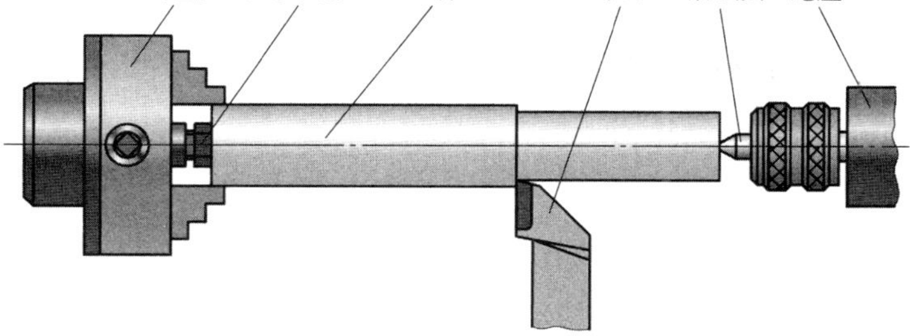

图 3-10　用一夹一顶的方法装夹工件

六、车削的工艺特点

与钻削、铣削、磨削等加工方法相比较，车削有如下工艺特点。

1. 车削适合于加工各种内、外回转表面。车削的加工精度范围为 IT13（粗车）~ IT6（精车），表面粗糙度 Ra 值为 12.5 ~ 1.6 μm。

2. 车刀结构简单，制造容易，刃磨及装拆方便，便于根据加工要求对刀具材料、几何参数进行合理选择。

3. 车削对工件的结构、材料、生产批量等有较强的适应性，因此应用广泛。除可车削各种钢材、铸铁、有色金属外，还可以车削玻璃钢、夹布胶木、尼龙等非金属材料。对于一些不适合磨削的有色金属材料可以采用金刚石车刀进行精细车削，能获得很高的加工精度和很小的表面粗糙度值。

4. 除表面余量不均匀的毛坯和复杂工件外，绝大多数车削为等切削横截面的连续切削，因此，切削力变化小，切削过程平稳，有利于高速切削和强力切削，生产效率高。

第 2 节　车削工艺方法

一、车外圆、端面及槽

1. 车外圆

外圆车削是通过工件旋转和车刀做纵向进给运动来实现的。工件常采用卡盘、顶尖等夹具装夹。常用的外圆车刀有：45° 弯头车刀、75° 外圆车刀、90° 车刀。

90° 车刀又称为 90° 偏刀，俗称偏刀，偏刀一般分为左偏刀和右偏刀。偏刀放平时，切削刃在右边的车刀为左偏刀，加工时，左偏刀由左向右车削工件外径；偏刀放平时，切削刃在左边的车刀为右偏刀，加工时，右偏刀由右向左车削工件外径。

根据车刀的几何形状、切削用量及精度要求，外圆车削可分为粗车、半精车、精车和精细车。外圆表面的切削步骤见表 3-4。

表 3-4　外圆表面的切削步骤

切削步骤	目的	常用刀具	夹具	切削用量	精度
粗车	改变毛坯的不规则形状，提高生产率	75° 外圆车刀或 90° 外圆车刀	卡盘、顶尖、拨盘、鸡心夹头等	切削速度 v_c 较低 a_p=2 ～ 5 mm f=0.3 ～ 0.6 mm/r	IT12 ～ IT10
半精车	提高粗车后的表面精度和质量	可选较大角度的 γ_o、α_o，λ_s 为正的精车刀	卡盘、顶尖、拨盘、鸡心夹头等	为以后工序留 0.2 ～ 1 mm 的余量	IT10 ～ IT9
精车	保证尺寸和几何精度，尽量减少工艺系统变形	低速精车时选用高速钢宽刃精车刀；高速精车时选用硬质合金车刀	卡盘、顶尖、拨盘、鸡心夹头等	切削速度 v_c 高 a_p<0.15 mm f<0.1 mm/r	IT9 ～ IT8
精细车	进一步提高加工质量	金刚石刀具	卡盘、顶尖、拨盘、鸡心夹头等	切削速度 v_c 较高（可达 160 m/min） 背吃刀量小，f<0.02 ～ 0.1 mm/r	IT6 ～ IT5

2. 车端面

车端面时，工件回转作为主运动，车刀做垂直于工件轴线的横向进给运动。车端面常用的刀具有 90° 车刀、75° 外圆车刀或 45° 弯头车刀。车端面时，刀尖必须与工件轴线等高，否则端面中心会留下凸起的剩余材料。为了防止床鞍因间隙或误操作发生纵向位移而影响端面的平面度，应锁定床鞍的位置。

用 90° 车刀车端面时，车刀由工件外缘向中心进给，若背吃刀量 a_p 较大，切削抗力会使车刀扎入工件而形成凹面，如图 3-11a 所示；如果切削余量较大，此时可改为从中心向外缘进给，但背吃刀量 a_p 较小，如图 3-11b 所示。用 45° 弯头车刀车端面，可由工件外缘向中心车削，如图 3-11c 所示，也可由中心向外缘车削，如图 3-11d 所示。75° 外圆车刀的刀头强度高，适用于大背吃刀量、大端面的车削。

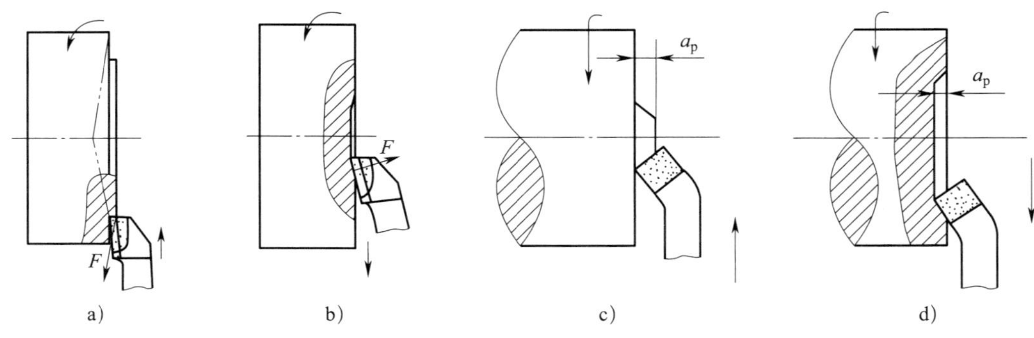

图 3-11　车削端面的方法

a）90° 车刀由外向中心进刀　b）90° 车刀由中心向外进刀
c）45° 弯头车刀由外向中心进刀　d）45° 弯头车刀由中心向外进刀

3. 车槽

在车床上可以车外槽、内槽和端面槽，其工作原理如图 3–12 所示。车槽时工件的装夹与车外圆相同。车槽时的切削速度与车外圆时相同，进给量根据切削刃宽度和工件刚度适当选择，以不产生振动为宜。车外圆沟槽的方法见表 3–5。

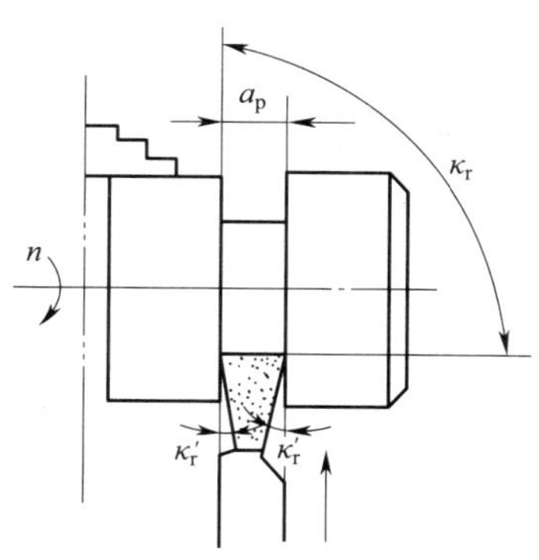

图 3–12　车槽工作原理

表 3–5　车外圆沟槽的方法

方法	图例	说明
矩形槽的车削方法		车削精度不高且宽度较窄的矩形槽时，可用刀宽等于槽宽的切断刀，采用直进法一次进给车出
宽矩形槽的车削方法		车削较宽的矩形槽时，可用多次直进法车削，并在槽壁两侧留有精车余量，然后根据槽深和槽宽精车至尺寸要求
圆弧形槽的车削方法		车削较小的圆弧形槽时，一般以成形车刀一次车出。车削较大的圆弧形槽可用双手联动车削或专用车圆弧工具车削，用样板检查及修整

续表

方法	图例	说明
V 形槽的车削方法	a）车直槽　b）用V形车刀左右切削	车削较小的 V 形槽时，一般用成形刀一次车削完成 较大的 V 形槽通常先车削成直槽，然后再用 V 形车刀左右切削成 V 形槽

二、车圆锥面

1. 圆锥体的组成

圆锥体各部分名称如图 3–13 所示。D 为圆锥大端直径，d 为圆锥小端直径，L 为锥体部分长度（圆锥大端直径与圆锥小端直径间的垂直距离），α 为圆锥角（圆锥角是在通过圆锥轴线的截面内，两条素线的夹角），$\alpha/2$ 为圆锥半角，C 为锥度（圆锥大、小端直径之差与长度之比），锥度一般用比例或分数形式表示，如 1∶7 或 1/7，公式表达为：

$$C=\frac{D-d}{L}$$

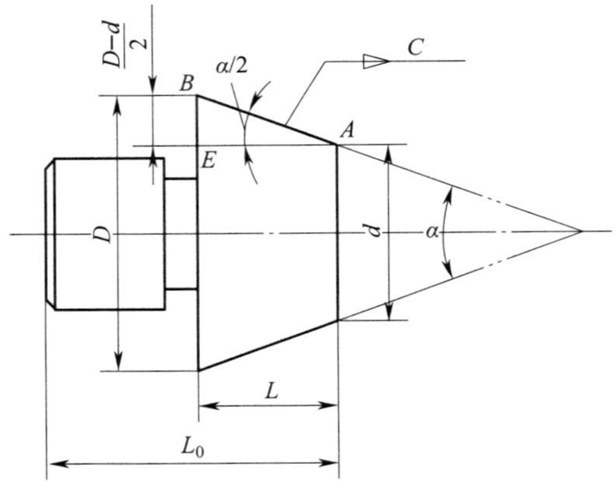

图 3–13　圆锥体的组成

2. 车外圆锥体的方法

车削圆锥必须满足的条件是：刀尖与工件轴线必须等高；刀尖在进给运动中的轨迹是一直线，且该直线与工件轴线的夹角等于圆锥半角 $\alpha/2$。在车床上车削外圆锥的方法主要有以下四种。

（1）宽刃刀车削法

宽刃刀车圆锥面，实质上属于成形法车削，即用成形刀具对工件进行加工。在车刀装夹时，把主切削刃与主轴轴线的夹角调整到与工件的圆锥半角 $\alpha/2$ 相等后，采用横向进给的方法加工出外圆锥面，如图 3–14 所示。

宽刃刀车外圆锥面时，切削刃必须平直，应取刃倾角 $\lambda_s=0°$，车床、刀具和工件等组成的工艺系统必须具有较高的刚度，而且背吃刀量应小于 0.1 mm，切削速度宜低些，否则容易引起振动。

宽刃刀车削法主要适用于较短圆锥面的精车工序。当工件的圆锥表面长度大于切削刃长度时，可以采用多次接刀的方法加工，但接刀处必须平直。

（2）转动小滑板法

将小滑板沿顺时针或逆时针方向偏转一个圆锥半角的角度（$\alpha/2$），使车刀沿小滑板导轨的运动轨迹与所需加工圆锥在水平轴平面内的素线平行，配合双手不间断地均匀转动小滑板手柄，车出圆锥，如图 3–15 所示。

转动小滑板法车外圆锥只适用于单件、小批量生产。

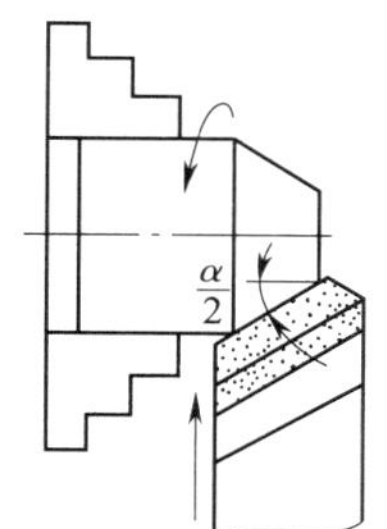

图 3–14　宽刃刀车圆锥

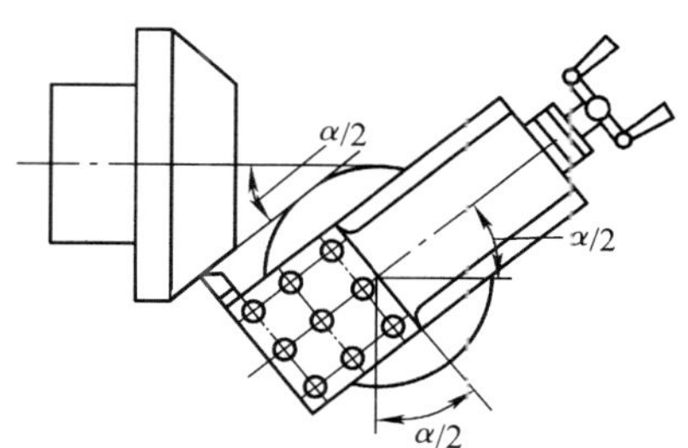

图 3–15　转动小滑板法车外圆锥

（3）偏移尾座法

尾座体由底座和上滑板组成，采用偏移尾座法车圆锥面时，将尾座上滑板横向偏移一个距离 S，使前、后两顶尖的连线与车床主轴轴线相交成一个圆锥半角 $\alpha/2$ 的角度，工件用两顶尖装夹，当床鞍带着车刀沿着平行于主轴轴线方向移动切削时，即可车出圆锥角为 α 的外圆锥，如图 3–16 所示。

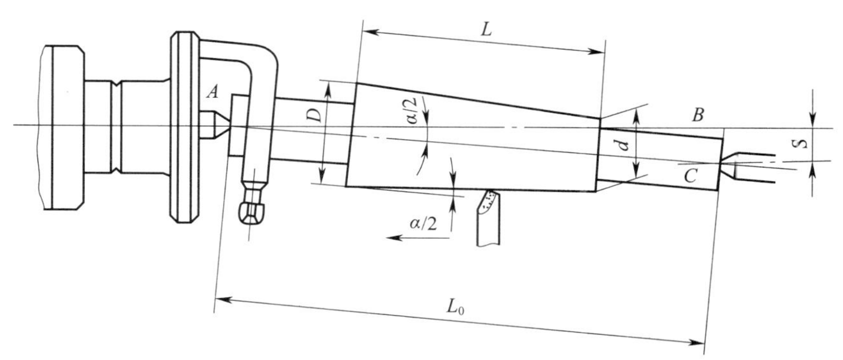

图 3–16　偏移尾座法车外圆锥

尾座横向偏移的距离 S 按下式计算：

$$S \approx L_0\tan\frac{\alpha}{2} = L_0 \times \frac{D-d}{2L} \quad 或 \quad S=\frac{C}{2}L_0$$

式中 S——尾座偏移量，mm；

L_0——工件全长（或两顶尖之间的距离），mm；

α——圆锥角，（°）；

D——圆锥大端直径，mm；

d——圆锥小端直径，mm；

L——圆锥长度，mm；

C——圆锥锥度。

偏移尾座法车圆锥适宜于加工锥度小、锥体较长、精度不高的外圆锥，受尾座偏移量的限制，不能加工锥度较大的圆锥。

（4）仿形（靠模）法

使用靠模装置，使车刀在纵向进给的同时，相应做横向进给，由两个方向进给的合成运动使车刀刀尖的轨迹与工件轴线所成的夹角等于圆锥半角 $\alpha/2$，即可车出圆锥，如图 3–17 所示。

靠模法可以机动进给车削内、外圆锥，锥体长或短不受太大的限制，均可车削。但不能车削较大圆锥角的工件，一般圆锥半角 $\alpha/2$ 应小于 12°。

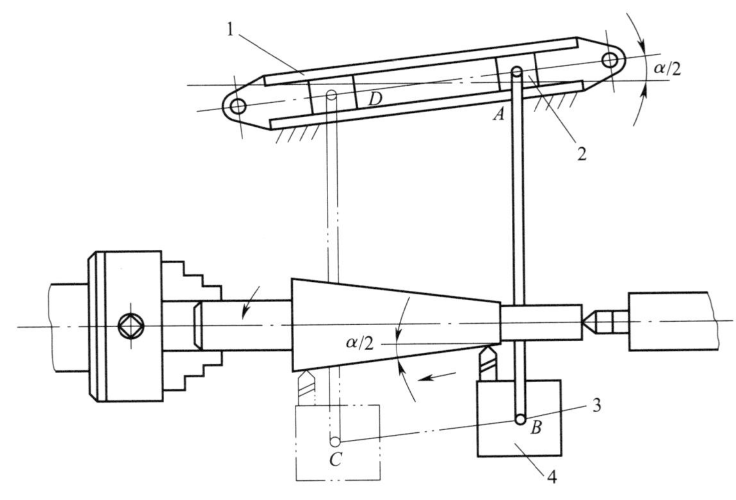

图 3–17 仿形（靠模）法车圆锥

1—靠模 2—滑块 3—紧固螺钉 4—刀架

三、车特形面

用成形车刀或用车刀按成形法或仿形法等车削工件的特形面称为车特形面。在车床上加工的特形面都是工件表面素线为曲线的回转面。常见的特形面有圆球面、橄榄形曲面等，如图 3–18 所示。

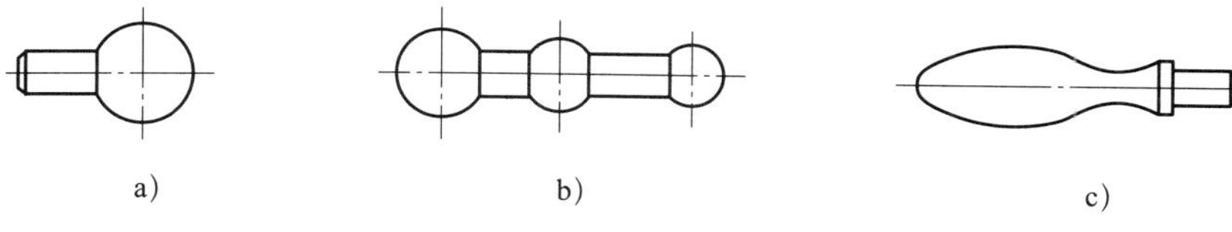

图 3–18　带有特形面的手柄

a）单球手柄　b）三球手柄　c）橄榄球手柄

特形面的车削方法主要有双手控制法、成形法和仿形法，本书简要介绍前两种方法。

1. 双手控制法

使用普通车刀，用双手控制中滑板、小滑板或者中滑板与床鞍的合成运动，使刀尖的运动轨迹与工件表面素线形状相吻合，从而实现特形面的车削，如图 3–19 所示。车削过程中应随时用成形样板检验，并进行修整。

2. 成形法

成形法即成形车刀（样板车刀）车削法。成形车刀的切削刃形状与工件表面素线形状吻合，车削特形面时，工件做回转运动，成形车刀只做横向进给运动，如图 3–20 所示。用成形车刀车削，其切削刃与工件表面的接触线较长，切削时容易引起振动，因此工件转速应低，进给量应小。

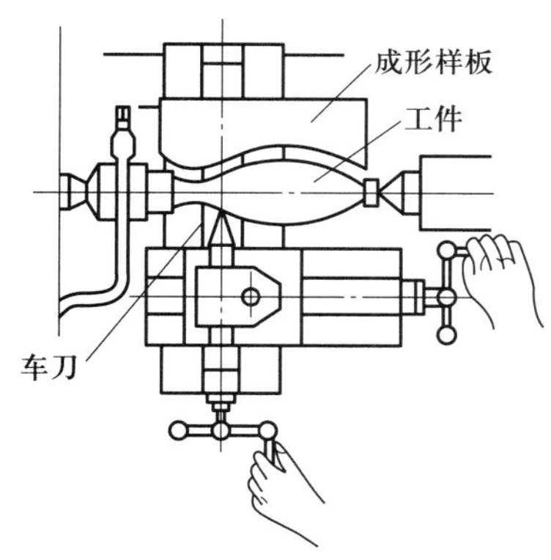

图 3–19　双手控制法车特形面

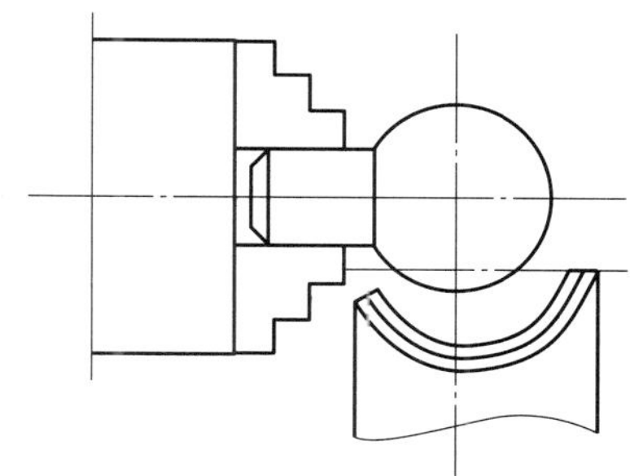

图 3–20　成形车刀车削法

四、车螺纹

螺纹的加工方法很多，其中用车削的方法加工螺纹是最常用的方法之一。下面以应用最普遍的牙型角 α 为 60° 的三角形螺纹为例，介绍螺纹车削的要点。

1. 螺纹车刀

螺纹车刀按其切削部分材质不同有高速钢螺纹车刀和硬质合金螺纹车刀两种。如图 3–21 所示为高速钢三角形外螺纹车刀，如图 3–22 所示为硬质合金三角形外螺纹车刀。

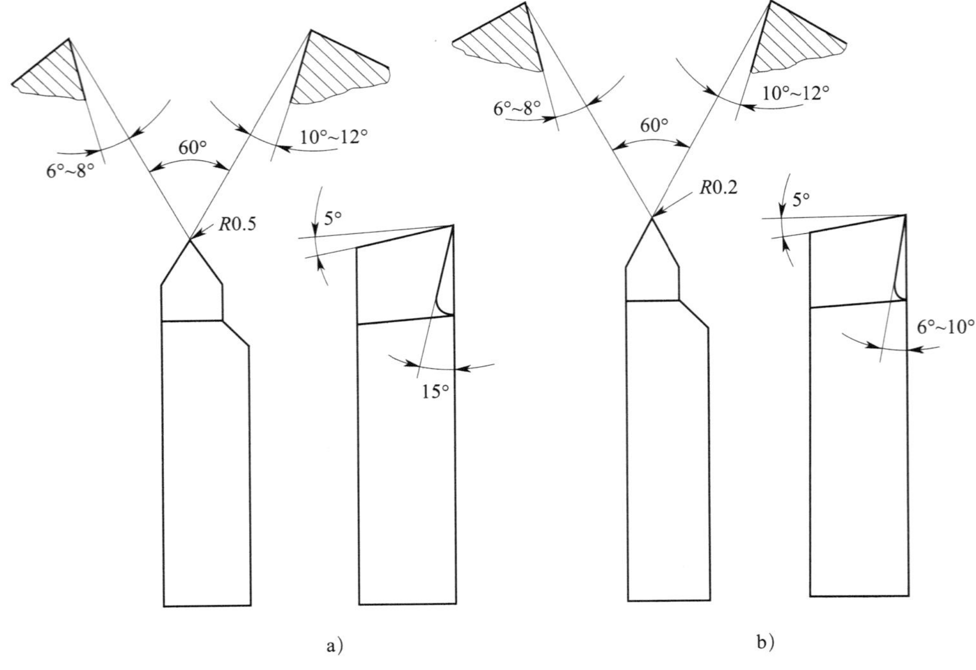

图 3-21　高速钢三角形外螺纹车刀

a）粗车刀　b）精车刀

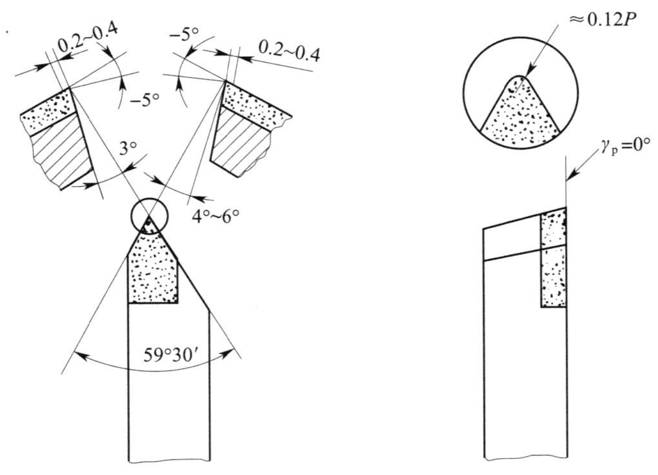

图 3-22　硬质合金三角形外螺纹车刀

螺纹车刀的刀尖角 ε_r 等于牙型角 α，车削普通螺纹时，ε_r=60°。螺纹车刀的前角 γ_p 一般为 0° ~ 15°，粗车时，为了切削顺利，背前角可取得大一些，γ_p=5° ~ 15°；精车时，为了减小对牙型角的影响，背前角应取得小一些，γ_p=0° ~ 5°。背前角 γ_p 对牙型角的影响较大，γ_p 越大，车刀前面上的刀尖角 ε'_r 就越小。当 γ_p=10° ~ 15° 时，ε'_r 约为 59°；当 γ_p=0° 时，ε'_r=ε_r=60°。

2. 螺纹车刀的装夹

装夹螺纹车刀时，车刀刀尖应与车床主轴轴线等高，螺纹车刀两牙型半角的对称中心线应与工件轴线垂直，装刀时可用螺纹样板校正，如图 3–23 所示。如果对刀不准，将车刀装歪，会使车出的螺纹两牙型半角不相等，产生歪斜牙型（俗称倒牙）。

外螺纹车刀伸出刀架的长度不宜过长，一般为刀杆厚度的 1.5 倍，为 25 ~ 30 mm。内螺纹车刀伸出刀架的长度大于内螺纹长度 10 ~ 20 mm，装夹好的内螺纹车刀应手动在螺纹底孔内试走一次，检查刀杆是否与底孔干涉，如图 3–24 所示。

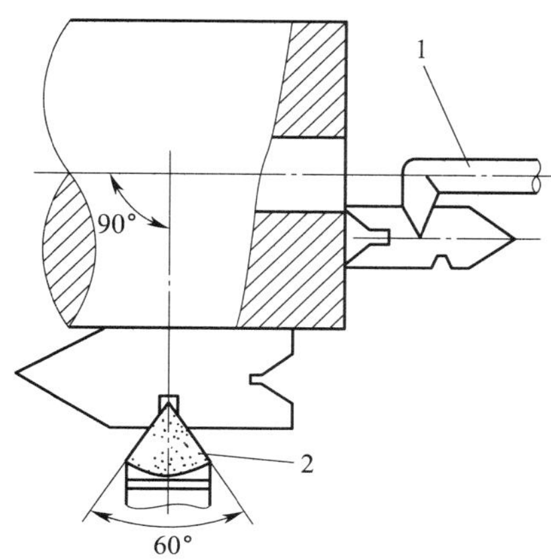

图 3–23　用螺纹样板校正螺纹车刀

1—内螺纹车刀　2—外螺纹车刀

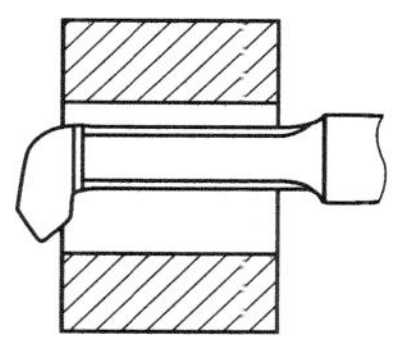

图 3–24　检查刀杆是否与底孔干涉

3. 螺距或导程的调整

为了保证工件每回转一周，车刀沿轴向移动一个螺距 P 或导程 P_h，必须使车床丝杠的转速 $n_{丝}$与工件的转速 $n_{工}$之比值等于工件的螺距 $P_{工}$（或导程 $P_{h工}$）与丝杠螺距 $P_{丝}$ 的比值，即：

$$\frac{n_{丝}}{n_{工}}=\frac{P_{工}}{P_{丝}}\left(或\frac{P_{h工}}{P_{丝}}\right)$$

调整时，应根据螺距或导程的大小，查看车床进给箱上的铭牌，确定交换齿轮箱内交换齿轮的齿数，并按此要求挂好各齿轮，然后调整进给箱上各手柄到规定位置。螺纹正式车削前应先试进给，检查螺距或导程是否正确。

4. 车削方法

螺纹车削需要经过多次进刀和重复进给才能完成。螺距越大，进刀次数越多。每次进给时，必须保证车刀刀尖对准已车出的螺旋槽；否则已车出的牙型就可能被切去而使螺纹损坏，工件报废，这种现象称为乱牙。

粗车螺纹第一刀、第二刀时，车刀刚切入工件，总切削面积不大，可以选择较大的背吃刀量，以后每次进给的背吃刀量应逐步减小，精车时更小，以获得较高的螺纹表面质量。常采用的螺纹的车削方法有闭合开合螺母法和开倒顺车法两种。

（1）闭合开合螺母法

每次进给终了时，横向退刀，同时提起开合螺母手柄，使开合螺母断开，然后手动将溜板箱返回起始位置，调整好背吃刀量后，压下开合螺母手柄，使开合螺母闭合，再次进给车削螺纹，如此重复循环使总背吃刀量等于牙型高度，螺纹符合规定要求为止。车削过程中，每次提起、压下开合螺母手柄时应果断、有力。

采用这种方法车削螺纹时，可以节省车刀回程的辅助时间及减少丝杠的磨损，但只能用于车床丝杠螺距是工件螺纹螺距的整数倍的情况下（不致产生乱牙现象）。

（2）开倒顺车法

每次进给终了时，先快速横向退刀，随后开反车（主轴反向转动）使工件和丝杠都反转，丝杠驱动溜板箱返回起始位置时，调整背吃刀量，然后改为正车（顺车）重复进给。

采用这种方法车削螺纹时，开合螺母始终与丝杠啮合，车刀刀尖相对工件的运动轨迹不变，即使丝杠螺距不是工件螺距的整数倍，也不会产生乱牙现象。但车刀回程时间较长，生产效率低，且丝杠容易磨损。

五、车孔

1. 车孔刀的种类

根据不同的加工情况，车孔刀可分为通孔车刀和不通孔车刀两种。

（1）通孔车刀

通孔车刀切削部分的几何形状基本上与外圆车刀相似，如图 3–25 所示。为减小径向切削抗力，防止车孔时振动，主偏角应取得大些，一般 κ_r 取 60° ~ 75°，副偏角 κ'_r 取 15° ~ 30°。为防止车孔刀后面和孔壁的摩擦且又不使后角磨得太大，一般磨成两个后角，如图 3–25 中的旋转剖视，其中 α_{o1} 取 6° ~ 12°，α_{o2} 取 30° 左右。

（2）不通孔车刀

不通孔车刀用于车削不通孔或台阶孔，其切削部分的几何形状基本上与 90° 外圆车刀相似，如图 3–26 所示。不通孔车刀的主偏角大于 90°，一般 κ_r 取 92° ~ 95°。后角要求与通孔车刀相同。不通孔车刀刀尖到刀杆外侧的距离 a 应小于孔的半径 R，否则无法车平底孔的底面。

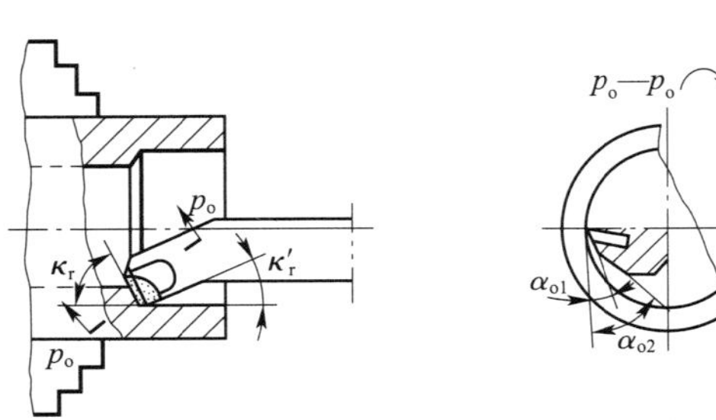

图 3–25　通孔车刀

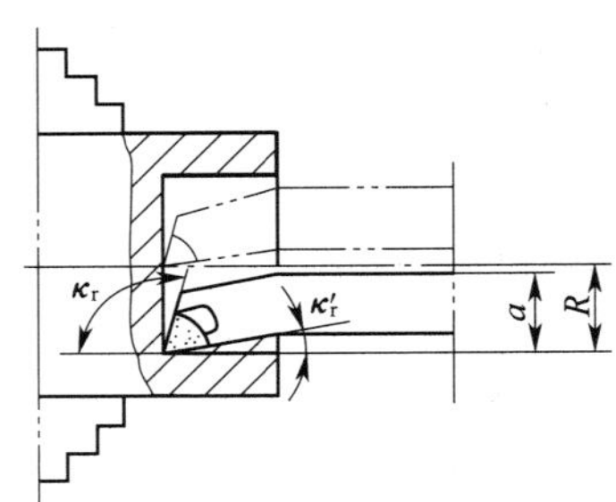

图 3–26　不通孔车刀

2. 车孔的关键技术

车孔的关键技术是解决车孔刀的刚度和排屑问题。

（1）增加车孔刀的刚度

1）尽可能增加刀杆的截面积。一般车孔刀的刀尖位于刀杆的上面，刀杆的截面积较小，仅有孔截面积的 1/4 左右（见图 3–27a）。如果使车孔刀的刀尖位于刀杆的中心线上，这样刀杆在孔中的截面积可达到最大限度（见图 3–27b）。车孔刀的后面如果刃磨成一个大后角（见图 3–27c），刀杆的截面积必然减小。如果刃磨成两个后角（见图 3–27d），或将后面磨成圆弧状，则既可防止车孔刀的后面和孔壁摩擦，又可使刀杆的截面积增大。

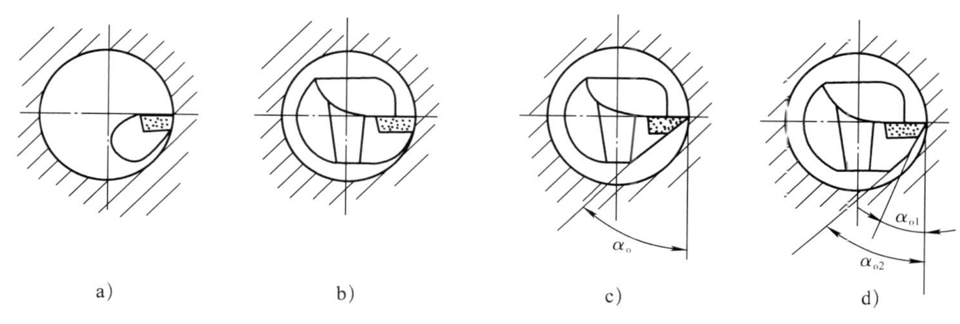

图 3–27　增加刀杆的截面积

a）刀尖位于刀杆的上面　b）刀尖位于刀杆的中心　c）一个大后角　d）两个后角

2）减少刀杆的伸出长度。刀杆伸出越长，车孔刀刚度越低，容易引起振动。刀杆伸出长度只要略大于孔深即可。如图 3–28 所示为一种刀杆长度可调节的车孔刀。

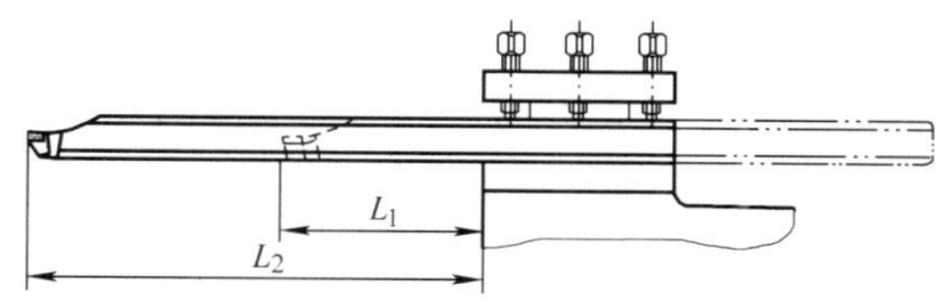

图 3–28　刀杆长度可调节的车孔刀

（2）控制切屑流向

解决排屑问题主要是控制切屑流出方向。精车孔时要求切屑流向待加工表面（前排屑），为此，采用正刃倾角的车孔刀（见图 3–29）。车削不通孔时采用负的刃倾角，使切屑从孔口方向排出，如图 3–30 所示。

3. 车孔方法

装夹车孔刀时应使车孔刀刀杆与工件轴线基本平行，否则在车削到一定深度时刀杆的后半部分容易碰到工件孔口。车通孔和台阶孔时，车孔刀的刀尖应与工件中心等高或稍高，如果刀尖低于工件中心，车削时在切削抗力作用下，容易将刀杆压低而产生扎刀现象，并可造成孔径扩大。车削平底不通孔时，车刀刀尖必须对准

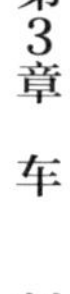

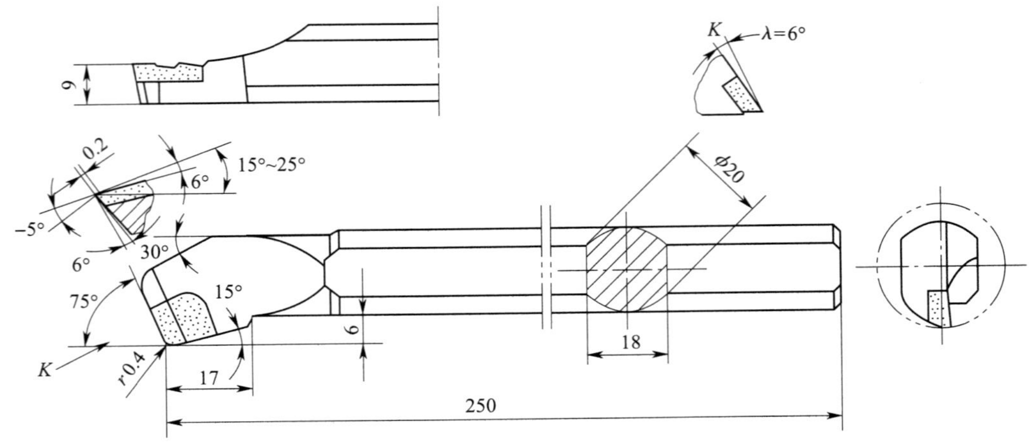

图 3–29　采用正刃倾角的车孔刀

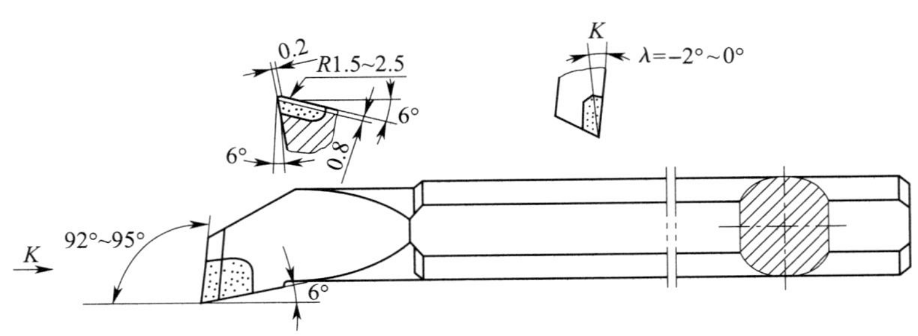

图 3–30　采用负刃倾角的车孔刀

工件中心，且必须满足不通孔车刀刀尖到刀杆外侧的距离 a 小于孔的半径 R 的条件，否则无法车完孔底平面。车孔刀伸出刀架的长度一般比被加工孔长 5 ~ 10 mm，但不宜过长。车孔刀装夹好后，在车孔前应先在孔内试走一遍，检查有无碰撞现象，以确保安全。

车孔方法基本上与车外圆方法相同，只是进刀与退刀的方向相反。此外，车孔时的切削用量应比车外圆时小些，特别是车小直径孔或深孔时，其切削用量应更小。

课后练习

1. CA6140 型卧式车床的主要部件有哪些？各有何作用？
2. CA6140 型卧式车床的车削运动有哪些？
3. 车床的加工范围有哪些？

4. 常见的车床通用夹具有哪些？各有何用途？

5. 车刀的切削部分主要由哪些部分组成？车刀的基本几何角度有哪些？

6. 外圆车削分为哪几步？每步的目的是什么？

7. 车削外圆锥的方法主要有哪些？

8. 螺纹车刀的装夹应注意事项有哪些？

9. 常用的螺纹车削方法有哪几种？简述各自的操作要点。

10. 车孔的关键技术有哪些？

铣削与镗削

学习目标

1. 了解卧式升降台铣床与立式升降台铣床的结构。
2. 了解铣床的加工范围以及工艺装备的用途。
3. 了解铣削方式及常用表面的铣削方法。
4. 了解镗床结构及常用镗削方法。

第 1 节　铣　　削

铣削是以铣刀的旋转运动为主运动，以铣刀的移动或工件的移动、转动为进给运动的切削加工方法。铣削经济加工精度一般为 IT9 ~ IT7，表面粗糙度 Ra 值一般为 12.5 ~ 1.6 μm；精细铣削精度可达 IT5，表面粗糙度 Ra 值可达 0.20 μm。

一、铣床

铣床种类很多，常用的有卧式升降台铣床、立式升降台铣床等。

1. 卧式升降台铣床

如图 4–1 所示为卧式升降台铣床，其主轴位置是水平布置的，习惯上称为“卧铣”。床身固定在底座上，用于安装和支承机床各部件。床身内装有主运动变速传动机构、主轴部件以及操纵结构等。床身顶部的导轨上装有悬梁，可沿主轴轴线方向调整其前后位置，悬梁上装有刀杆支架，用于支承刀杆的悬伸端。升降台安装在床身的垂直导轨上，可垂直上下移动，升降台内装有进给运动变速传动机构及操纵机构等。升降台水平导轨上的床鞍可沿平行于主轴轴线的方向（横向）移动。工作台可沿垂直于主轴轴线的方向（纵向）移动。

卧式升降台铣床主要用于加工平面、沟槽和成形表面等，适于单件和成批生产。

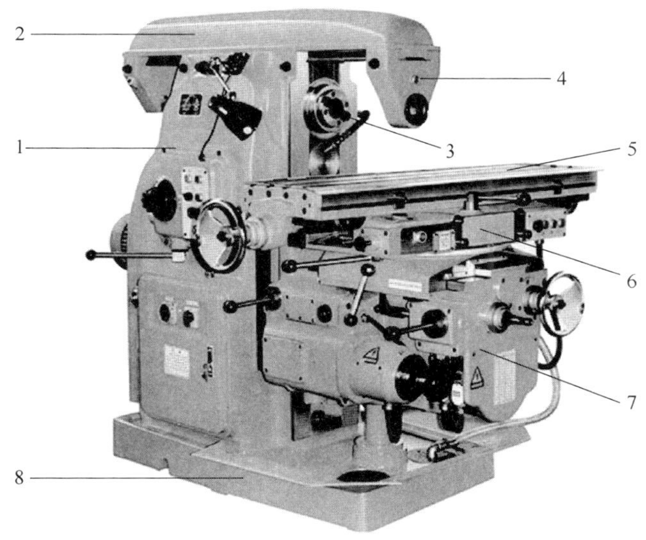

图 4–1　卧式升降台铣床

1—床身　2—悬梁　3—主轴　4—刀杆支架　5—工作台　6—床鞍　7—升降台　8—底座

2. 立式升降台铣床

立式升降台铣床与卧式升降台铣床的主要区别在于它的主轴是垂直安装的，可用立铣头代替卧式升降台铣床的水平主轴、悬梁、刀杆及其支承部分，其他部分与卧式升降台铣床相似。如图 4–2 所示为立式升降台铣床。

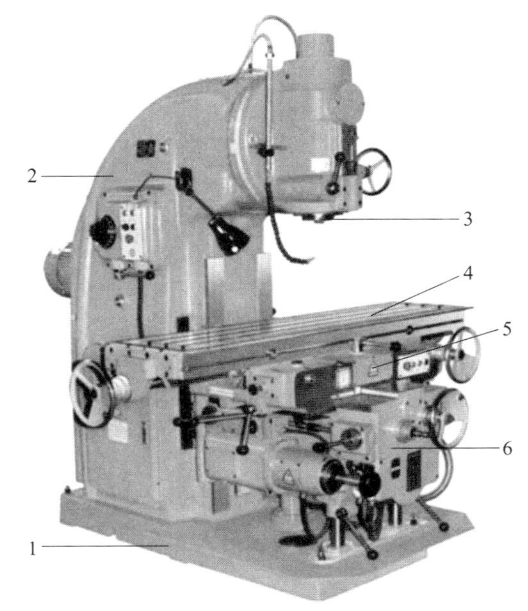

图 4–2　立式升降台铣床

1—底座　2—床身　3—主轴　4—工作台　5—床鞍　6—升降台

立式升降台铣床可用于加工平面、沟槽、台阶、孔等，旋转立铣头可铣削斜面，若机床上采用分度头或圆形工作台，还可以铣削齿轮、凸轮以及钻头的螺旋面，在模具加工中，立式铣床最适宜加工模具型腔和凸模成形表面。

二、铣床的加工范围

在铣床上使用各种不同的铣刀可以完成平面（平行面、垂直面、斜面）、台阶、槽（直角槽、V 形槽、T 形槽、燕尾槽等）、特形面等加工；配合分度头等铣床附件，还可以完成花键轴、齿轮、螺旋槽等加工。在铣床上还可以进行切断、钻孔、铰孔和铣孔等工作。铣削加工的典型内容见表 4-1。

表 4-1 铣削加工的典型内容

加工内容	周铣平面	端铣平面	铣直角沟槽
图例	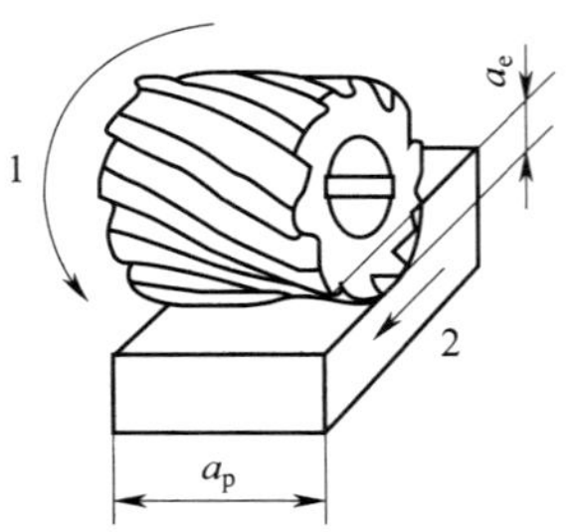	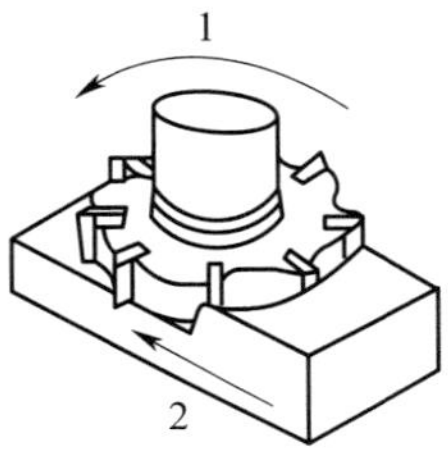	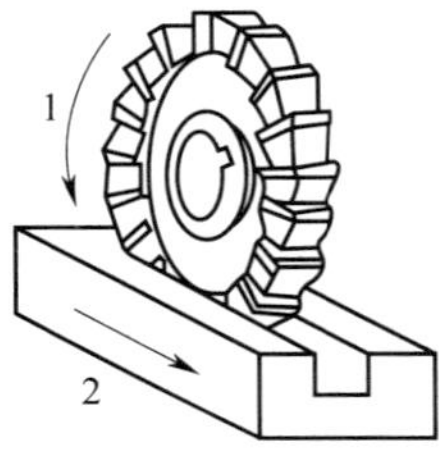
加工内容	铣键槽	铣直角沟槽	切断
图例	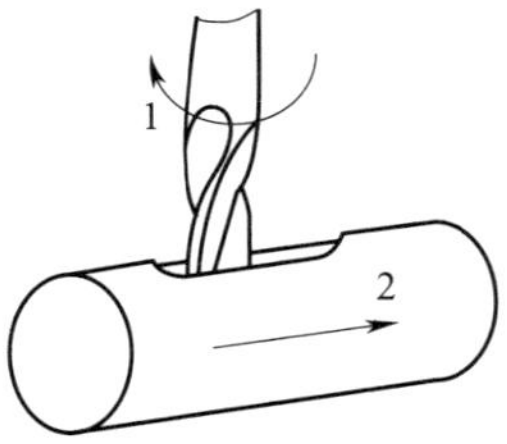	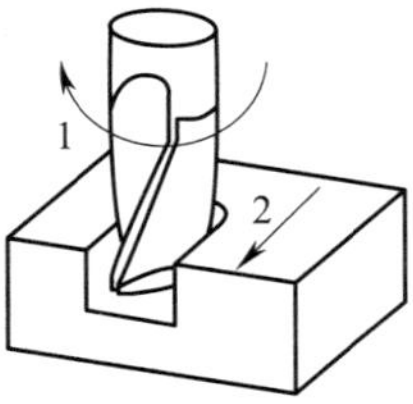	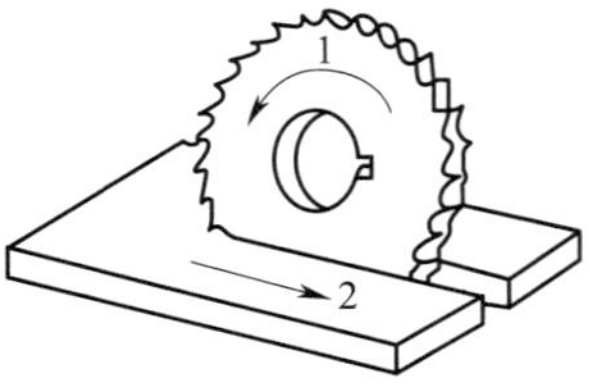
加工内容	铣 T 形槽	铣 V 形槽	铣齿轮
图例	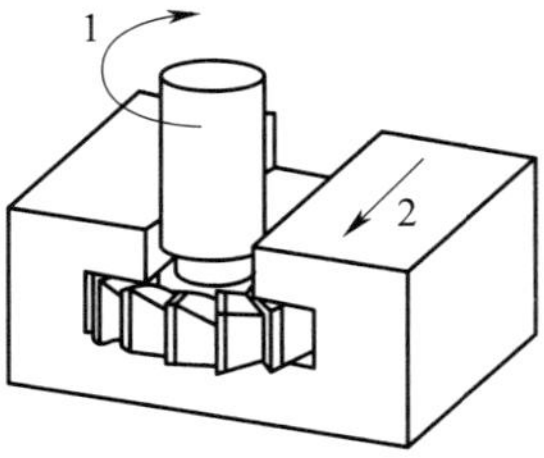	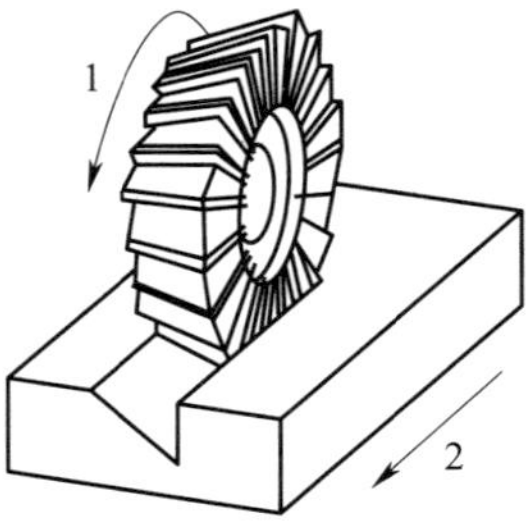	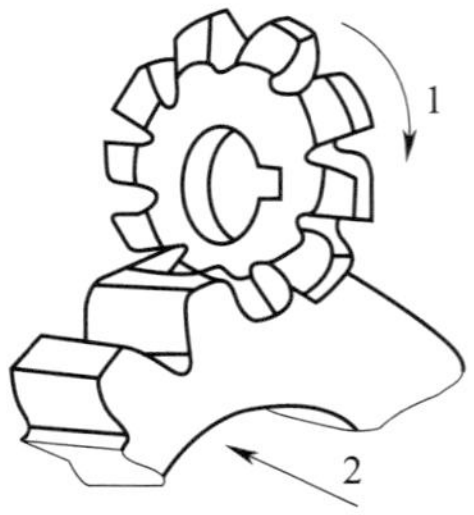

注：1—主运动，2—进给运动。

三、铣床的工艺装备

1. 铣床常用夹具和工具

铣床常用夹具、工具的结构及用途见表 4–2。

表 4–2　铣床常用夹具、工具的结构及用途

名称	结构	用途
机用虎钳		机用虎钳是一种通用夹具，安装在机床工作台上，用来夹持工件进行切削加工。机用虎钳适合装夹以平面定位和夹紧的板类零件、矩形零件以及轴类零件，常用于装夹小型工件
万能分度头		利用分度刻度环、游标、定位销和分度盘以及交换齿轮，将装夹在顶尖间或卡盘上的工件进行圆周等分、角度分度、直线移距分度。辅助机床利用各种不同形状的刀具进行多边形、花键、齿轮等的加工工作，并可通过配换齿轮与工作台纵向丝杠连接加工螺纹、等速凸轮等，从而扩大了铣床的加工范围
回转工作台		回转工作台又称为圆转台，它带有可转动的回转工作台台面，用以装夹工件并实现回转和分度定位。回转工作台主要用于在其圆工作台面上装夹中、小型工件，进行圆周分度和做圆周进给，铣削回转曲面，如有角度、分度要求的孔或槽、工件上的圆弧槽、圆弧外形等
压板、垫铁	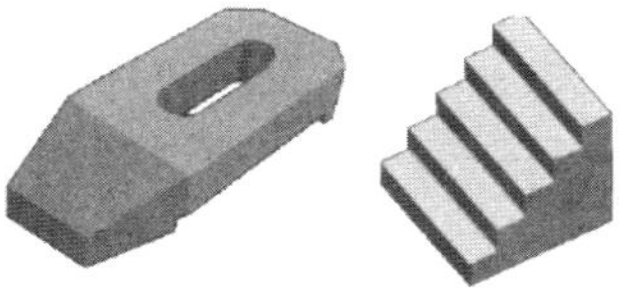	外形尺寸较大或不便用机用虎钳装夹的工件，常用压板及垫铁将其压紧在铣床工作台面上进行装夹

续表

名称	结构	用途
V 形块		V 形块与压板配合使用，主要用于在铣床工作台面上安装轴类工件
万能铣头		万能铣头安装于卧式铣床主轴端，由铣床主轴驱动立铣头主轴回转，使卧式铣床起立式铣床的功用，从而扩大了卧式铣床的加工范围
铣刀杆	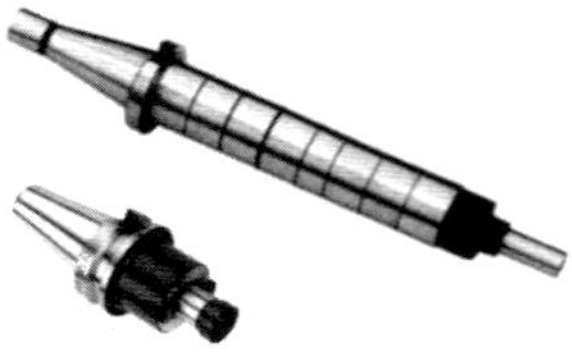	安装于卧式铣床主轴端，用来安装圆柱铣刀、三面刃铣刀等盘形铣刀
面铣刀盘		安装于卧式铣床或立式铣床主轴端，用来安装面铣刀头，铣削平面
铣夹头		安装于卧式铣床或立式铣床主轴端，用来安装直柄立铣刀、直柄键槽铣刀等，铣削各种沟槽等
锥套		安装于卧式铣床或立式铣床主轴端，用于安装锥柄立铣刀、锥柄键槽铣刀等

2. 铣刀

常用铣刀的结构及用途见表 4-3。

表 4-3　常用铣刀的结构及用途

名称	结构	用途
面铣刀		面铣刀的圆周表面和端面上分布有切削刃，常用于在立式铣床上加工平面
立铣刀		立铣刀的刀齿分布在圆柱面和端面上，其形式很像带柄的面铣刀，立铣刀用途较为广泛，可以用于铣削各种形状的槽和孔、台阶平面和侧面、各种盘形凸轮与圆柱凸轮、内外曲面等
键槽铣刀		键槽铣刀是专门加工键槽用的立铣刀，它与一般立铣刀的不同之处在于只有两个刀齿，以保证刀齿有足够的强度和较大的容屑空间。键槽铣刀主要用于铣削键槽
圆柱铣刀		圆柱铣刀用于在卧式铣床上加工平面。圆柱铣刀的刀齿分布在圆周上，按齿形分为直齿和螺旋齿两种
三面刃铣刀		三面刃铣刀除圆周表面具有主切削刃外，两侧面也有副切削刃。三面刃铣刀分直齿、错齿和镶齿等几种，用于铣削各种槽、台阶平面、工件的侧面及凸台平面
锯片铣刀		锯片铣刀既是锯片也是铣刀，用于铣削各种窄槽，以及对板料或型材的切断
齿轮铣刀		齿轮铣刀用于铣削齿轮及齿条

四、铣削加工

1. 铣削用量与选择

（1）铣削用量

铣削用量包括铣削速度 v_c、进给量 f、背吃刀量 a_p 和铣削宽度 a_e。如图 4–3 所示为用圆柱形铣刀进行周铣及用面铣刀进行端铣时的铣削用量。铣削用量的定义、单位及说明见表 4–3。

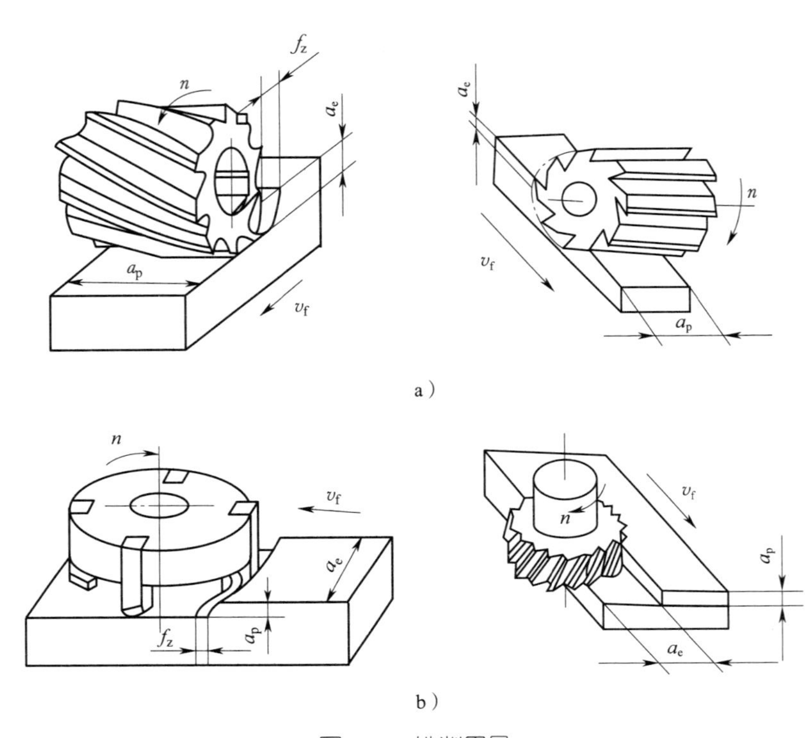

图 4–3　铣削用量
a）周铣　b）端铣

表 4–4　铣削用量的定义、单位及说明

铣削用量	定义	单位	说明
铣削速度 v_c	铣削时铣刀切削刃上选定点相对于工件主运动的瞬时速度称铣削速度	m/min	铣削速度为： $$v_c=\frac{\pi dn}{1\ 000}$$ 式中　v_c—铣削速度，m/min； d—铣刀直径，mm； n—铣刀或铣床主轴转速，r/min

续表

铣削用量	定义	单位	说明
进给量 f	铣刀每回转一周，在进给运动方向上相对于工件的位移量，又称为每转进给量 f	mm/r	三种进给量的关系为： $v_f=fn=f_z zn$ 式中 v_f—进给速度，mm/min； f_z—每齿进给量，mm/z； n—铣刀或铣床主轴转速，r/min； z—铣刀齿数
背吃刀量 a_p	在平行于铣刀轴线方向上测得的切削层尺寸	mm	铣削时，由于采用的铣削方法和选用的铣刀不同，背吃刀量 a_p 和铣削宽度 a_e 的表示也不同
铣削宽度 a_e	在垂直于铣刀轴线方向、工件进给方向上测得的切削层尺寸	mm	

（2）铣削用量的选择原则

在保证加工质量，降低加工成本和提高生产效率的前提下，选择铣削用量的原则是铣削宽度 a_e（或背吃刀量 a_p）、进给量 f、铣削速度 v_c 的乘积最大。这时工序的切削工时最少。

在机床动力和工艺系统刚度允许并具有合理的刀具寿命的条件下，粗铣时按铣削宽度 a_e（或背吃刀量 a_p）、进给量 f、铣削速度 v_c 的次序选择和确定铣削用量，以尽快地去除工件的加工余量。在确定铣削用量时，应尽可能地选择较大的铣削宽度 a_e（或背吃刀量 a_p），然后按工艺装备和技术条件的允许选择较大的每齿进给量 f_z，最后根据铣刀使用寿命选择允许的铣削速度 v_c。

2. 铣削方式

（1）周铣与端铣

根据铣刀在切削时切削刃与工件接触的位置不同，铣削方法分为周铣、端铣以及周铣与端铣同时进行的混合铣，见表 4–5。

表 4–5　周铣与端铣

铣削方法	概念	图例		特点
		卧铣	立铣	
周铣	用分布在铣刀圆周面上的切削刃铣削并形成已加工表面			铣刀的旋转轴线与工件被加工表面平行

续表

铣削方法	概念	图例		特点
		卧铣	立铣	
端铣	用分布在铣刀端面上的切削刃铣削并形成已加工表面			铣刀的旋转轴线与工件被加工表面垂直
混合铣	铣削时，铣刀的圆周刃与端面刃同时参与			工件上会同时形成两个或两个以上的已加工表面

与周铣相比，端铣具有以下优点：

1）面铣刀的副切削刃对已加工表面有修光作用，能使表面粗糙度值降低，周铣的工件表面则有波纹状残留表面。

2）同时参加切削的面铣刀齿数较多，切削力的变化程度较小，因此工作时振动比周铣更小。

3）面铣刀的主切削刃刚接触工件时，切削厚度不等于零，使切削刃不易磨损。

4）面铣刀的刀杆伸出较短，刚度高，刀杆不易变形，可选用较大的切削用量。

由此可见，端铣的加工质量和生产效率较高，所以铣削平面大多采用端铣。但是，周铣对加工各种型面的适应性较广泛，而有些型面（如成形面等）则不能用端铣。

（2）顺铣与逆铣

根据铣刀切削部位产生的切削力与进给方向间的关系，周铣有顺铣与逆铣两种方式，其概念与特点见表 4-6。

表 4-6 顺铣与逆铣

铣削方式	图示	概念	特点
顺铣	n v_f	在铣刀与工件已加工面的切点处，铣刀的旋转方向与工件进给方向相同的铣削称为顺铣	顺铣时每个刀齿的切削厚度由最大减小到零，同时铣削力将工件压向工作台，减少了工件振动的可能性，尤其是铣削薄而长的工件时更为有利。顺铣有利于提高刀具使用寿命和工件表面质量，以及增加工件夹持的稳定性，但顺铣时容易引起工作台向前窜动，造成进给量突然增大，甚至引起打刀

续表

铣削方式	图示	概念	特点
逆铣	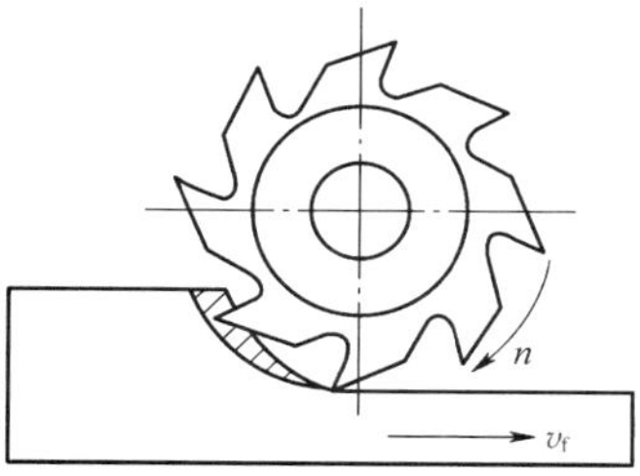	在铣刀与工件已加工面的切点处，铣刀的旋转方向与工件进给方向相反的铣削称为逆铣	逆铣时水平分力与进给方向相反，不会引起工作台的窜动而造成打刀事故，故在生产中多采用逆铣方式。但是逆铣时刀齿与工件之间的摩擦力大，加速了刀具磨损，同时也使工件表面质量下降。逆铣时，铣削力会上抬工件，造成工件夹持不稳

当工件表面无硬皮，机床进给机构无间隙时，应选用顺铣，按照顺铣安排进给路线。因为采用顺铣加工后，零件已加工表面质量高，刀齿磨损小。精铣时，尤其是零件材料为铝镁合金、钛合金或耐热合金时，应尽量采用顺铣。当工件表面有硬皮，机床进给机构有间隙时，应选用逆铣，按照逆铣安排进给路线。因为逆铣时刀齿从已加工表面切入，不会崩刃；机床进给机构的间隙不会引起振动和爬行。

（3）对称铣削和不对称铣削

端面铣削分为对称铣削和不对称铣削，不对称铣削又分为不对称顺铣、不对称逆铣，见表 4–7。

表 4–7　端面铣削的方式

铣削方式		图示	特点
对称铣削		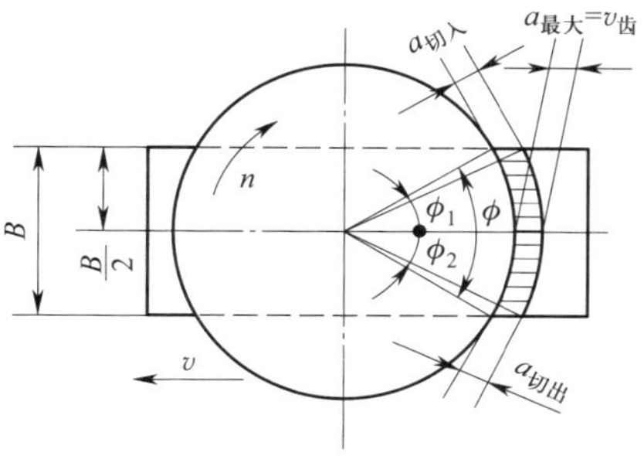	对称铣削时切入角等于切出角，一半是逆铣削，一半是顺铣削 工件相对于铣刀回转中心处位于对称位置，具有最大的平均切削厚度，可避免铣刀切入时对工件表面的挤压、滑行，铣刀使用寿命长。在精铣机床导轨面时，可保证刀齿在加工表面冷硬层下铣削，能获得较高的表面质量
不对称铣削	不对称逆铣	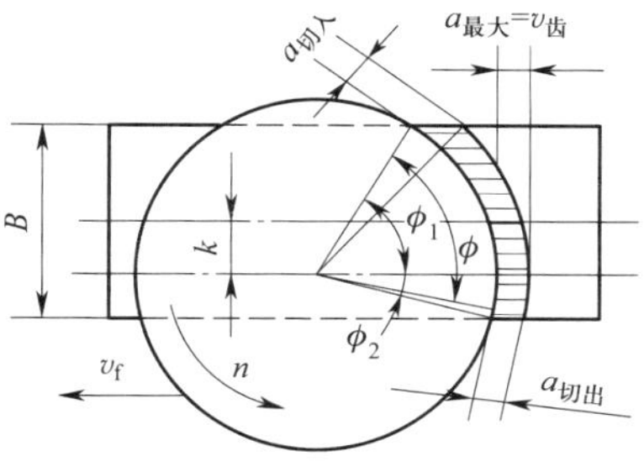	逆铣部分大于顺铣部分时，称为不对称逆铣 切削平稳，切入时切削厚度小，减小了冲击，从而可使刀具使用寿命得以延长，加工表面质量得到提高。适用于加工碳素钢及低碳合金钢

续表

铣削方式		图示	特点
不对称铣削	不对称顺铣		顺铣部分大于逆铣部分时，称为不对称顺铣 刀齿切出工件时，切削厚度较小，适用于切削强度低、塑性大的材料（如不锈钢、耐热钢等）

3. 铣削加工方法

（1）铣水平面

铣水平面时可在卧式铣床上用圆柱铣刀进行，如图 4-4a 所示，也可在立式铣床上用面铣刀进行，如图 4-4b 所示。

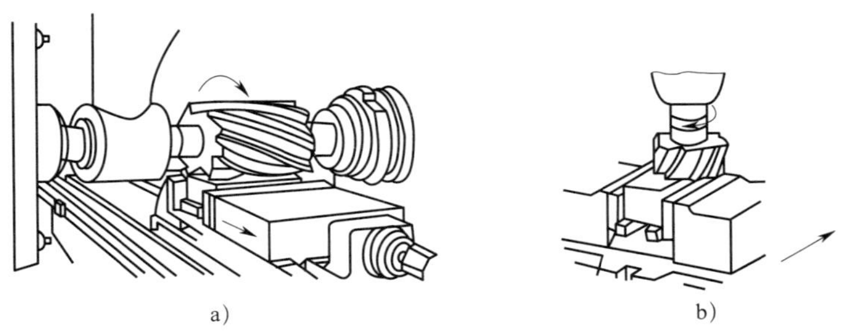

图 4-4　铣水平面

a）在卧式铣床上用圆柱铣刀铣水平面　b）在立式铣床上用面铣刀铣水平面

在立式铣床上用面铣刀铣平面时，铣削比较平稳，可提高工件表面质量，因此最好是在立式铣床上用面铣刀铣水平面。

（2）铣垂直面

可用卧式铣床和立式铣床加工垂直面，如图 4-5 和图 4-6 所示。在立式铣床上铣垂直面时是用立铣刀的圆周刀齿进行的。

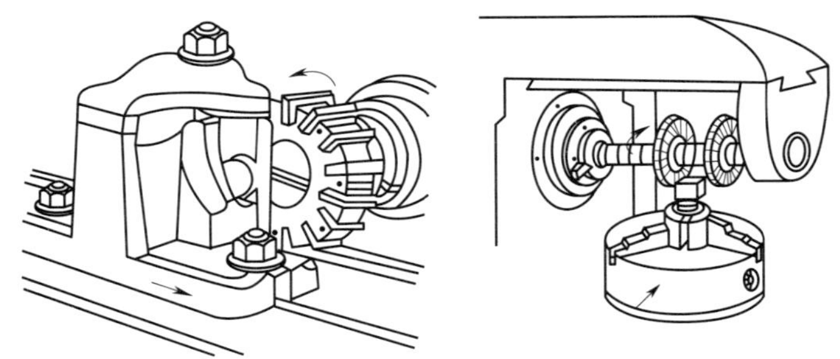

图 4-5　卧式铣床加工垂直面

（3）铣斜面

先对工件需加工的斜面划线，然后在机床上用机用虎钳或在工作台上按划线调整工件，将斜面转到水平位置，将工件夹紧后进行铣削加工，也可以利用回转机用虎钳或分度头将工件安装成倾斜角度后铣斜面；还可在卧式铣床上用单角度铣刀或双角度铣刀铣斜面，如图 4–7a 所示；或者在立式铣床上把主轴转动一个角度铣斜面，如图 4–7b 所示。

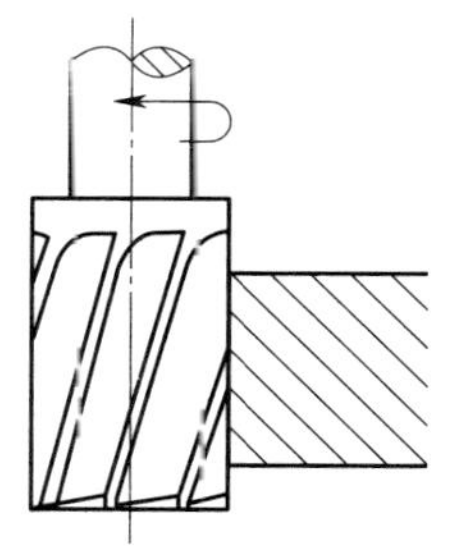

图 4–6　立铣刀铣垂直面

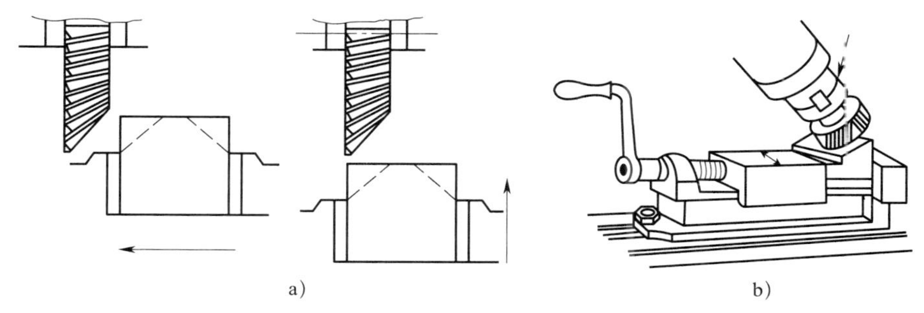

图 4–7　铣斜面

a）用角度铣刀铣斜面　b）将主轴转动一个角度铣斜面

（4）组合铣削

铣削由水平面、垂直面或倾斜面所组成的表面时，大型工件可在龙门铣床上加工，小型工件则用组合铣刀或成形铣刀在卧式铣床上加工，如图 4–8 所示。

（5）切断与铣槽

1）切断。一般用锯片铣刀在卧式铣床上进行，如图 4–9 所示。

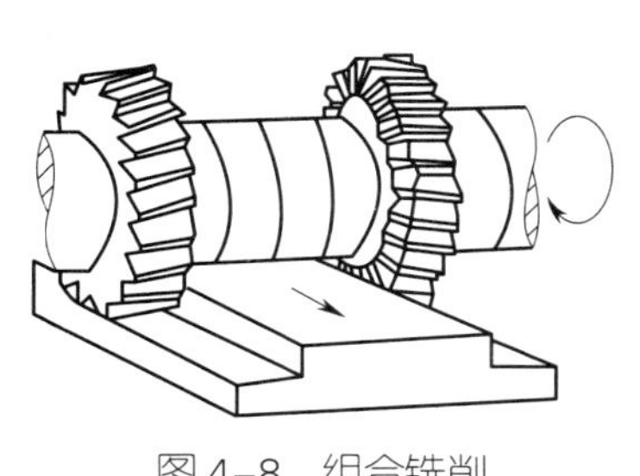

图 4–8　组合铣削

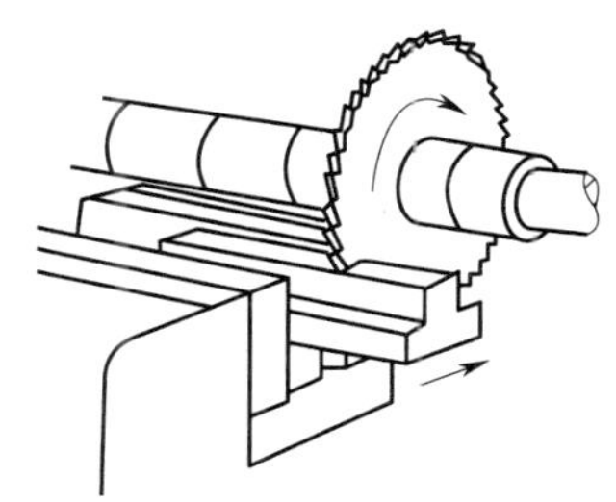

图 4–9　切断

2）铣直槽。在卧式铣床上用盘形铣刀铣直槽，如图 4–10 所示。

3）铣键槽。在立式铣床上用键槽铣刀铣普通键槽，如图 4–11a 所示。采用与键槽同直径、同厚度的专用铣刀铣半圆形键槽，如图 4–11b 所示。

4）铣 T 形槽。如图 4–12 所示，必须先用立铣刀或三面刃盘铣刀铣出直槽，然后在立式铣床上用 T 形槽铣刀铣出 T 形槽。

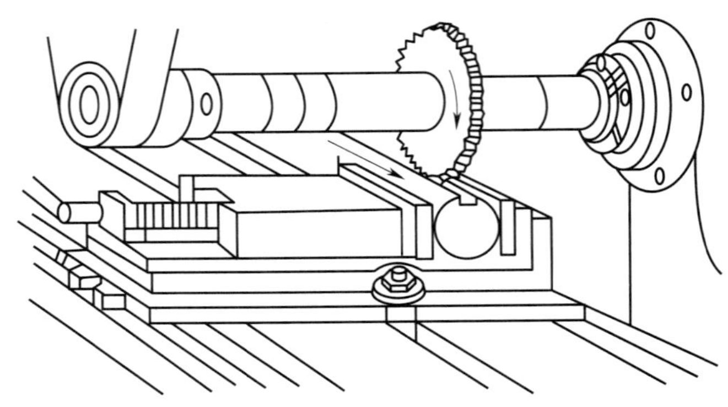

图 4–10　铣直槽

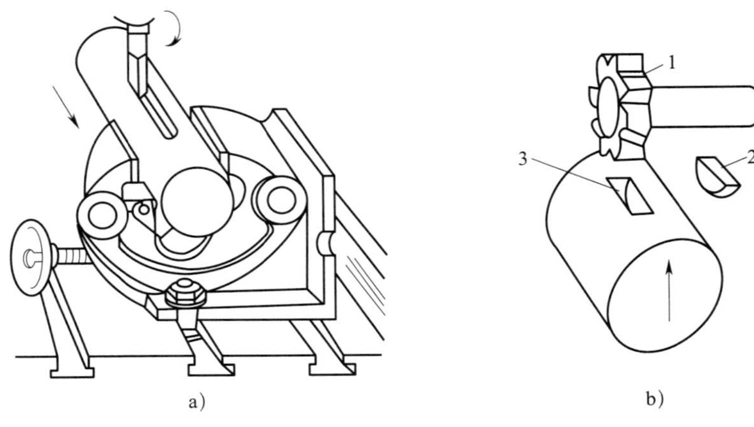

图 4–11　铣键槽

a）用键槽铣刀铣普通键槽　b）用专用铣刀铣半圆形键槽

1—半圆键槽铣刀　2—半圆键　3—半圆键槽

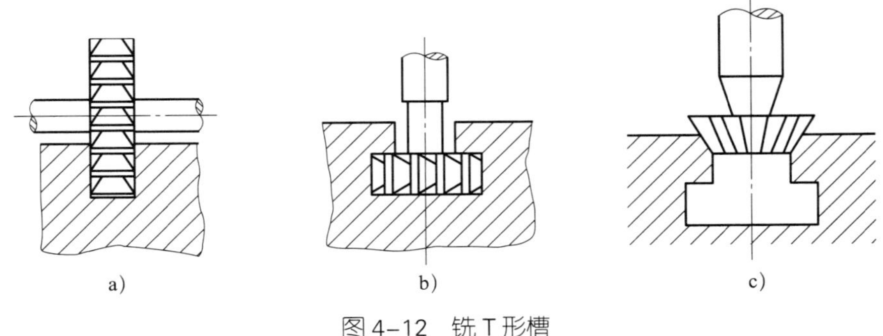

图 4–12　铣 T 形槽

a）铣直槽　b）铣 T 形槽　c）铣 T 形槽倒角

5）铣螺旋槽。对于螺杆、螺旋齿轮等具有螺旋槽的零件，铣螺旋槽时需在卧式铣床上利用万能分度头进行铣削。铣刀的螺旋运动是由工件的旋转运动和工作台的进给运动合成的，当工件旋转一周时，工作台移动的距离必须等于一个导程，如图 4–13 所示。

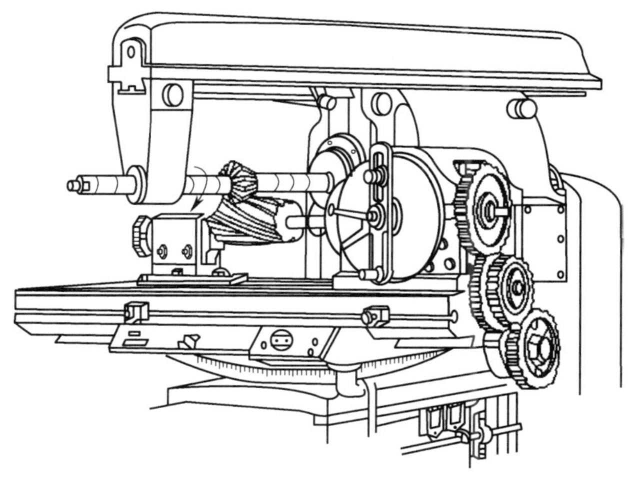

图 4–13　铣螺旋槽

加工时，工作台还应绕垂直轴转动一个 β 角，此角应等于螺旋线的螺旋角，而工作台转动的方向可根据螺旋槽的方向而定，如图 4–14 所示。

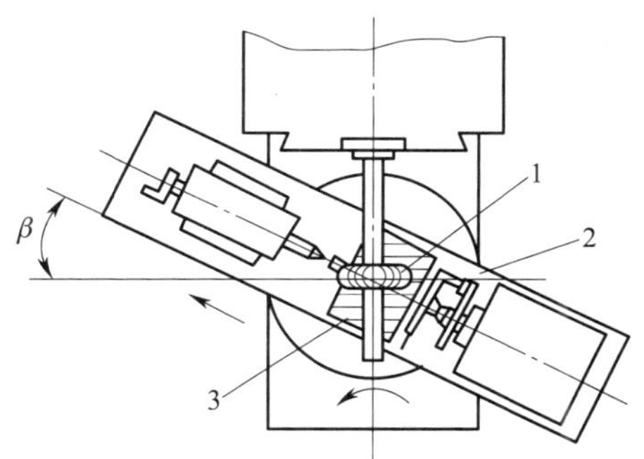

图 4–14　铣螺旋槽时工作台的转动

1—铣刀　2—工作台　3—工件

（6）铣曲线轮廓和成形面

1）铣曲线轮廓。曲线轮廓可以在立式铣床上用立铣刀依划线用手动进给铣削，也可用转台依划线铣削，如图 4–15 所示。还可以在立式铣床上按照靠模铣削。

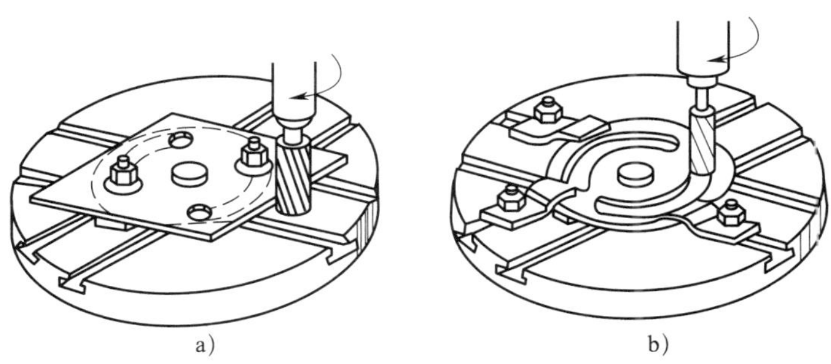

a)　　b)

图 4–15　用转台依划线铣曲线轮廓

a）完成划线　b）铣曲线轮廓

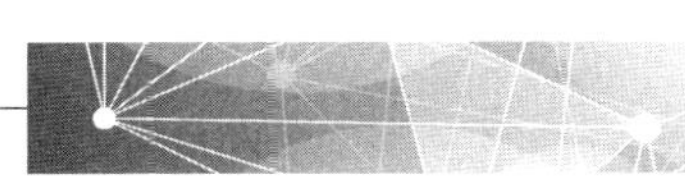

2）铣成形面。如图 4–16 所示为用形状相似的成形铣刀铣成形面示意图。其特点是必须制造专用的成形铣刀，因成本高，故只适用于批量生产。

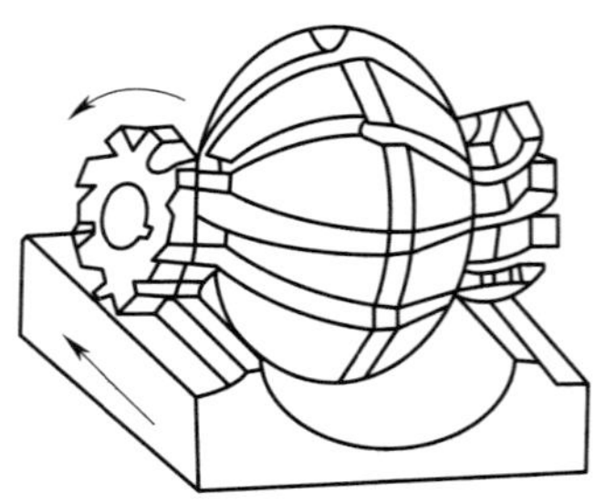

图 4–16　用成形铣刀铣成形面

第 2 节　镗　　削

镗削是用镗床进行加工的一种工艺方法，镗削时工件安装在机床工作台、附件或其他装置上固定不动，使切削刀具随镗床主轴旋转，完成主要切削过程，形成不同大小、尺寸的孔。镗刀旋转作为主运动，工作台或镗刀的移动作为进给运动，如图 4–17 所示。镗削时，工件被装夹在工作台上，镗刀用镗刀杆或刀盘装夹，主轴回转作为主运动，主轴在回转的同时做轴向移动，以实现进给运动。

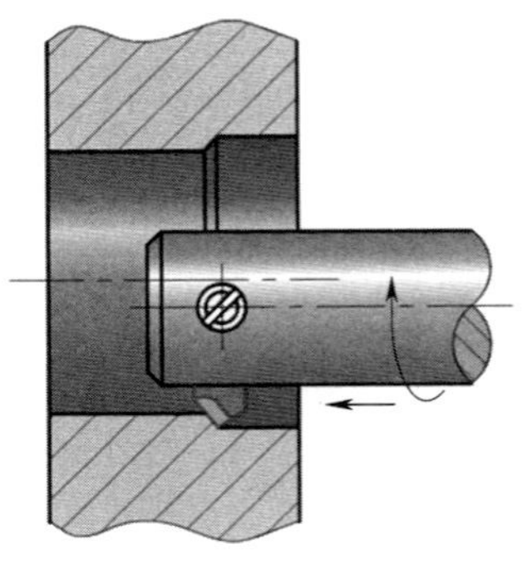

图 4–17　镗削

一、镗床

镗床可分为深孔镗床、坐标镗床、立式镗床、卧式铣镗床和精镗床等。下面主要介绍坐标镗床和卧式铣镗床。

1. 坐标镗床

坐标镗床是一种高精度机床，主要用于加工尺寸精度及位置精度要求很高的孔系。它的特点是具有测量坐标位置的精密测量装置，可以实现主轴或工作台的精密定位，并可在不使用任何刀具引导装置的前提下保证所加工孔与基准孔（或基准面）间很高的位置精度。坐标镗床所加工的孔精度很高（一般为 IT3 级以上），并可得到很高的位置精度（定位精度为 0.01 ~ 0.002 mm）。其工艺范围很广，除镗孔、钻孔、扩孔、铰孔、精铣平面、加工沟槽外，还可进行精密划线、刻线及孔距和直线尺寸的精密测量等工作。坐标镗床不仅可用于单件精密生产，还用于带有精密孔系零件的成批加工。

坐标镗床的类型很多，按其布局形式分为单柱、双柱和卧式三种类型，如图 4–18 所示为立式单柱坐标镗床，如图 4–19 所示为立式双柱坐标镗床。

图 4-18　立式单柱坐标镗床

图 4-19　立式双柱坐标镗床

2. 卧式铣镗床

卧式铣镗床的镗轴呈水平布置并可轴向进给，主轴箱沿前立柱导轨垂直移动，如图 4-20 所示。卧式铣镗床是镗床中应用最广泛的一种，可进行钻孔、扩孔、镗孔、铰孔、锪平面及铣削等工作，同时机床带有固定的平旋盘，平旋盘中的滑块可做径向进给，因此，能镗削较大尺寸的孔以及车外圆、车平面、切槽等。

图 4-20　卧式铣镗床

二、镗削的加工范围

镗削主要用于加工箱体、支架和机座等工件上的圆柱孔、螺纹孔、孔内沟槽和端面，当采用特殊附件时，也可加工内外球面、锥孔等。镗削常见加工内容见表 4-8。

表 4-8　镗削常见加工内容

加工内容	1. 镗轴上装悬伸刀杆镗孔	2. 用平旋盘上的悬伸刀杆镗大直径孔
图例	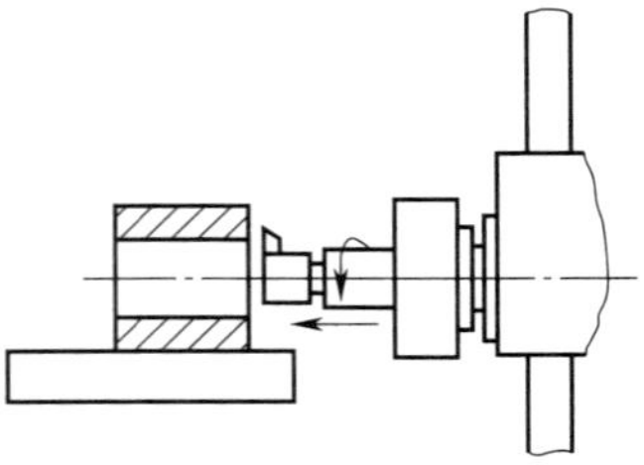	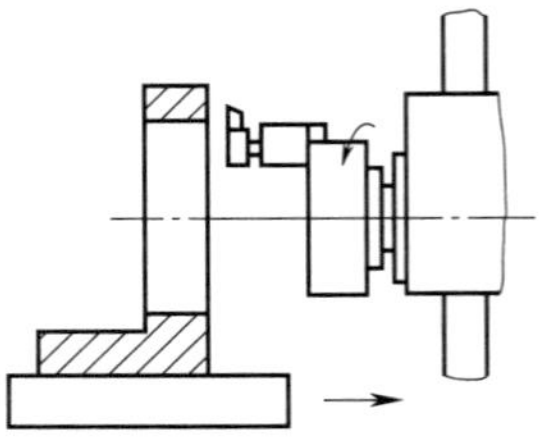
加工内容	3. 用平旋盘径向刀架上的镗刀镗端面	4. 钻孔
图例	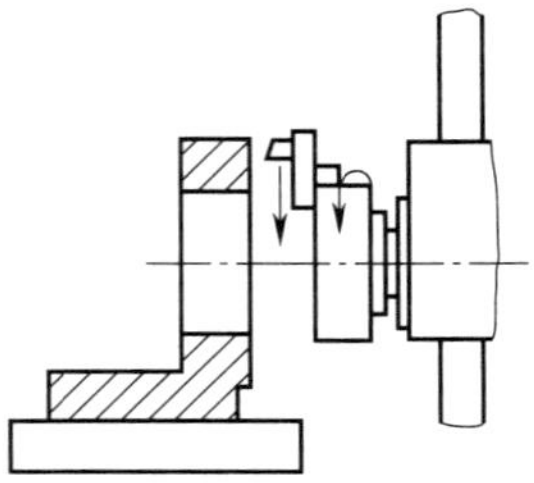	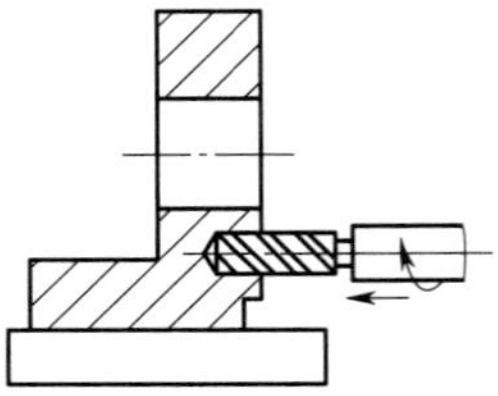
加工内容	5. 镗轴上装面铣刀镗平面	6. 用后支架支承长刀杆镗两个同轴孔
图例	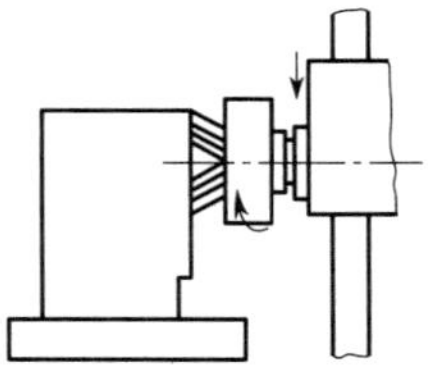	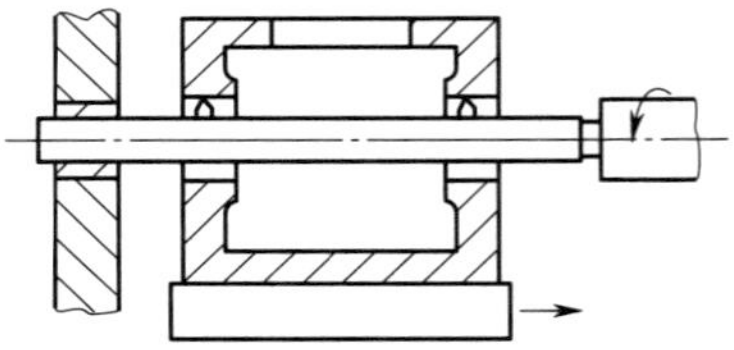
加工内容	7. 用平旋盘径向刀架上的镗刀镗内螺纹	8. 用装在镗杆上的刀具镗螺纹
图例	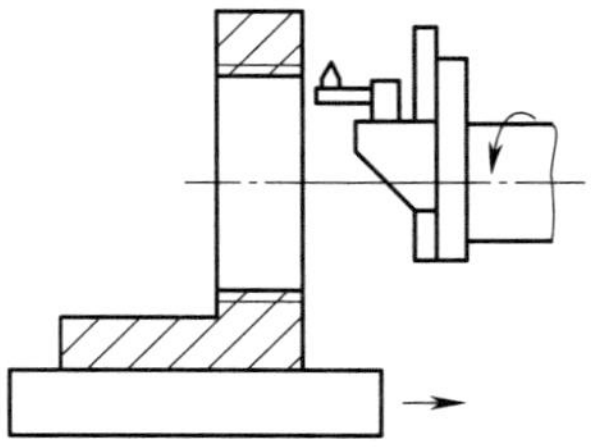	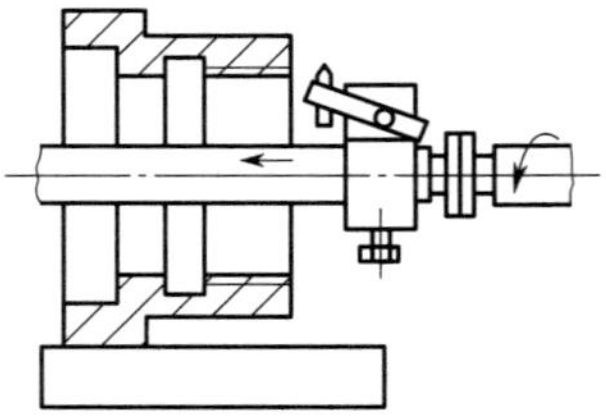

三、镗刀

镗刀的种类很多，按切削刃数量可分为单刃镗刀与双刃镗刀两大类。

1. 单刃镗刀

单刃镗刀的特点是只有一条主切削刃，刚度较低。但它的结构简单，制造方便，通用性强，一般适用于加工通孔和不通孔，对于加工孔内环形槽或退刀槽更具有优势。

单刃镗刀可分为普通单刃镗刀和单刃微调镗刀两种。普通单刃镗刀如图 4–21 所示，由于尺寸调节不便，因此效率较低，加工精度难以控制。单刃微调镗刀如图 4–22 所示，其中刀块 7 上带有螺纹，用来旋紧锥形调整螺母 6，刀块 7 和调整螺母 6 可一起通过固定在刀块上的导向键 3，沿镗杆 2 上的键槽装入，并用紧定螺钉 4 拉紧，使镗杆得到固定。刀片 1 装在刀块 7 上，当转动调整螺母 6 时，刀片可调整到合适的位置。这种镗刀的加工孔径范围为 20 ～ 180 mm，广泛应用于数控机床、组合机床和自动生产线。

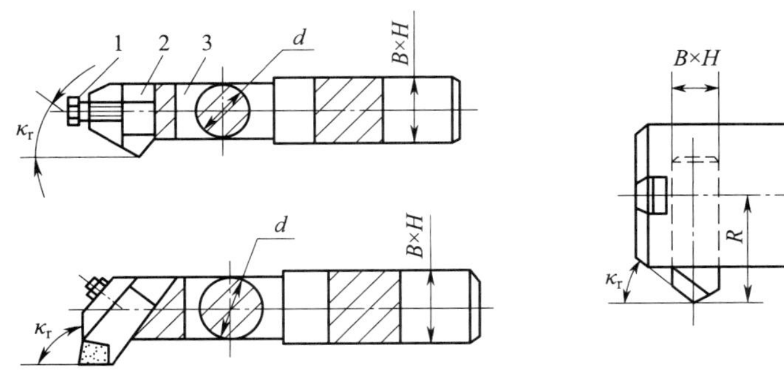

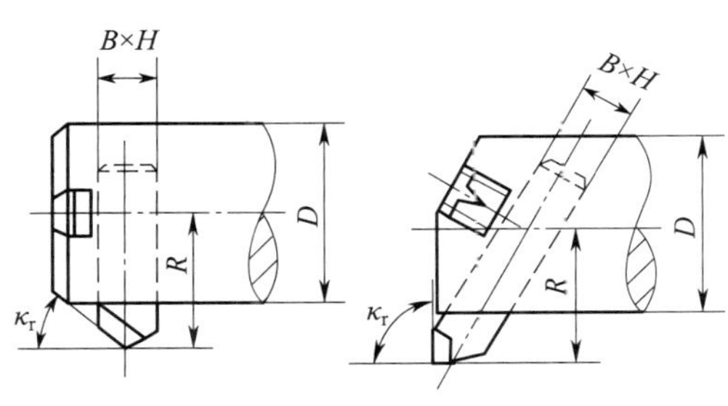

图 4–21　普通单刃镗刀

1—紧定螺钉　2—刀块　3—刀杆

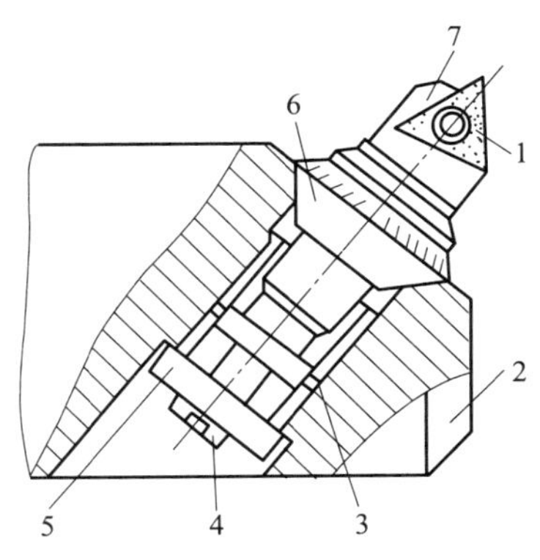

图 4–22　单刃微调镗刀

1—刀片　2—镗杆　3—导向键　4—紧定螺钉　5—拉紧垫圈　6—调整螺母　7—刀块

由于单刃镗刀的刚度低，为了减小切削力，刀具通常选用主偏角 κ_r=60° ～ 90°；粗镗钢件孔时可选 κ_r=60° ～ 73°；粗镗铸铁件孔或精镗时，可选用 κ_r=90°。

2. 双刃镗刀

如图 4–23 所示为双刃镗刀。其特点是具有两条对称分布的切削刃，工作时可以消除径向误差，从而提高镗孔精度。双刃镗刀结构较为复杂，制造比较困难，一般适用于批量较大、精度较高的孔的加工。双刃镗刀可分为固定式镗刀和浮动镗刀两类。固定式镗刀（见图 4–23a）可采用较大的进给量，切削效率较高，所以常用来粗镗直径在 40 mm 以上的孔，特别适用于同轴孔系或较深单孔的加工。

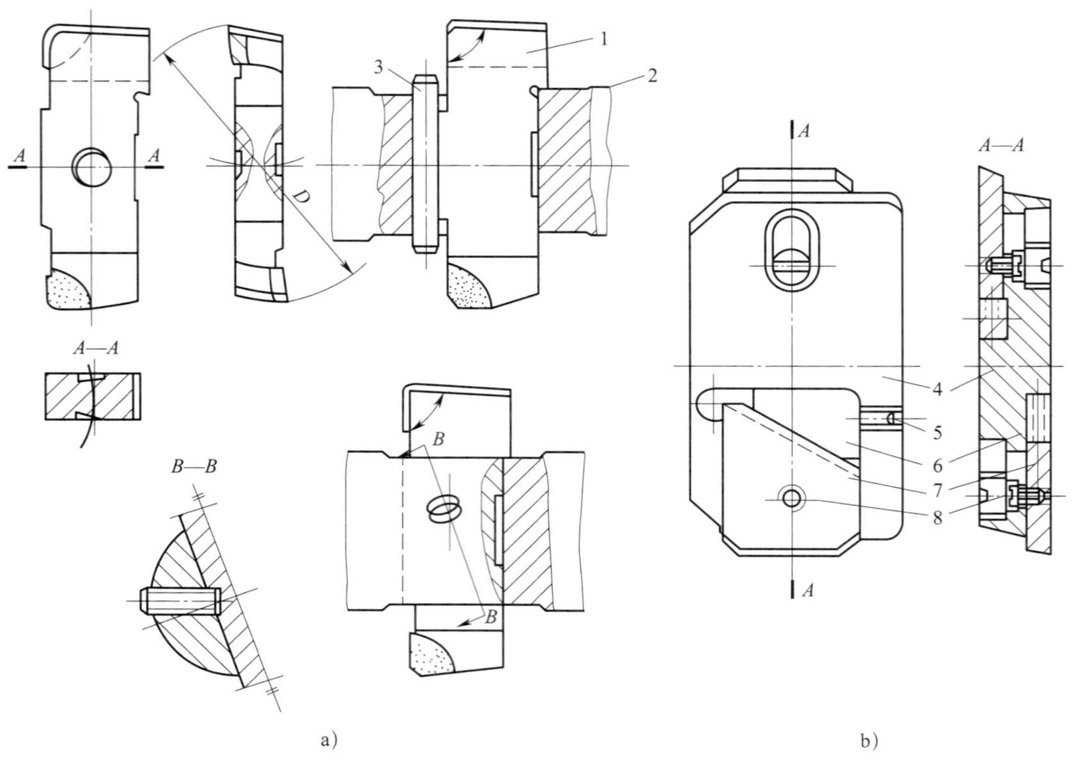

图 4-23 双刃镗刀

a）固定式镗刀 b）装配式浮动镗刀

1、4—刀块 2、7—刀杆 3—定位销 5、8—螺钉 6—斜面垫铁

如图 4-23b 所示为装配式浮动镗刀，其特点是刀块可以在刀杆方孔中浮动，由径向切削力自动平衡对准加工孔的中心，以补偿由刀块的安装误差或径向跳动引起的加工误差，可得到较高的精度（一般可达 IT7 ~ IT6），较小的表面粗糙度值（一般可达 *Ra*0.8 ~ 0.4 μm）。但这种镗刀不能校准孔的轴线歪斜和位置偏差，因此对已加工孔的精度有一定要求（直线度好，表面粗糙度值小于 *Ra*3.2 μm）。

四、镗削加工方法

按照镗杆上切削力作用点的位置，镗削加工方法分为悬臂镗削法和双支承镗削法。

1. 悬臂镗削法

如图 4-24 所示为悬臂镗削法（镗刀位于支承点一侧），只有一个支承点，镗杆处于悬臂状态。如图 4-24a 所示，镗削时镗杆随主轴转动，工作台移动。处于这种受力状态的镗杆刚度不足，所以只适用于加工不太长的单孔或孔距较短的同轴孔。

如图 4-24b 所示为悬臂镗削法的另一种形式，采用这种方法镗削时，需先镗前孔，然后换长镗杆镗削后孔，只是需在先加工好的前孔中装入一镗套来支承镗杆，提高镗杆刚度，则可镗削较长通孔或相距较远的同轴孔。悬臂镗削法加工时，最好不采用刀具旋转且进给的方式，因为会造成所加工同轴孔的同轴度误差较大，且较远距离孔的圆柱度误差也较大，如图 4-24c 所示。如图 4-24d 所示，采用了镗杆只旋转而不移动、工作台进给的方式，但由于同轴孔的孔距较长，故同轴孔的同轴度误差较大，且较远距离孔的圆柱度误差也较大。在镗孔过程中，刀尖处挠度不变，因此对被加工孔的几何形状精度和孔系的相互位置精度均无影响。

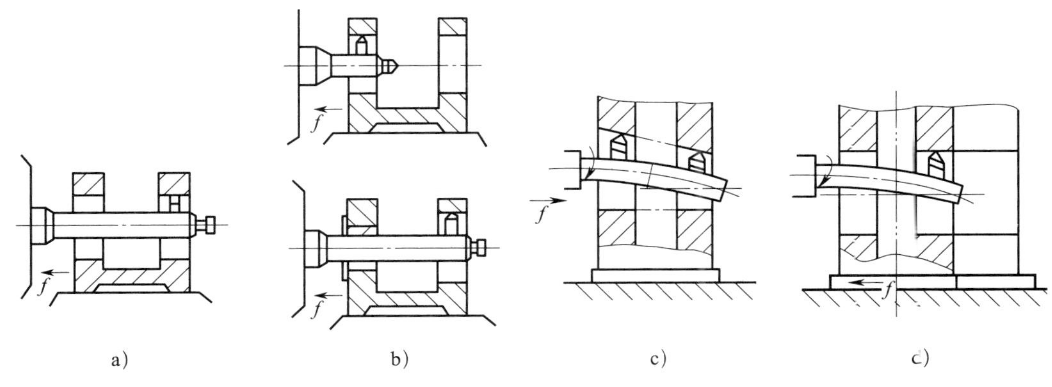

图 4-24　悬臂镗削法

a）镗刀旋转，工作台进给　b）镗刀旋转，工作台进给，且先镗前孔

c）镗刀旋转且进给　d）镗刀旋转，工作台进给，孔距较远

2. 双支承镗削法

如图 4-25 所示为双支承镗削法，即镗杆一端装夹在机床主轴上，另一端用后立柱支承，镗刀在两支承之间，则大大提高了镗杆的刚度，适用于加工长轴孔或孔距较长的同轴孔系。这种方法由于刚度高，可采用较大的切削用量，所以生产效率高，所加工孔的位置精度也较高。双支承镗削法切削时刀具的安装位置有两种，一种安装方法是刀具在两支承点的中点，如图 4-25a 所示，此安装虽然镗杆较长，但两孔的同轴度可得到很好的保证；另一种安装方法是刀具不在两支承点的中点，如图 4-25b 所示，此安装使镗杆在镗削两孔时因受力而弯曲的挠度不同，则加工出两孔的同轴度较差。

双支承镗削法加工时工艺系统刚度较悬臂镗削法大、效率高，但调整刀具困难，操作观察较为不便。

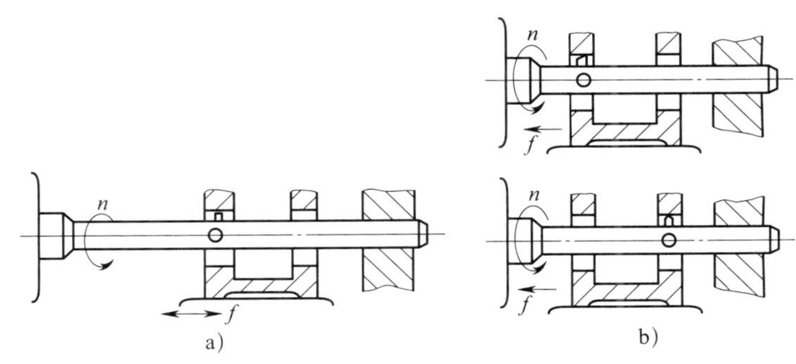

图 4-25　双支承镗削法

a）镗刀在两支承点的中点　b）镗刀不在两支承点的中点

课后练习

1. 卧式升降台铣床与立式升降台铣床有何区别?

2. 简述铣床的加工范围。

3. 常用的铣刀有哪些? 各有何用途?

4. 铣削用量的要素包括哪些? 铣削用量的选用原则有哪些?

5. 根据铣刀在切削时切削刃与工件接触位置的不同，铣削方法分为哪几种? 各有何特点?

6. 与周铣相比，端铣有哪些优点?

7. 什么是顺铣? 什么是逆铣? 各有何特点?

8. 应如何选用顺铣和逆铣?

9. 简述各种表面的铣削方法。

10. 简述镗削的加工范围。

磨　削

学习目标

1. 了解外圆磨床、内圆磨床、平面磨床的结构、运动和功用。
2. 掌握砂轮的组成和特性。
3. 了解磨具的标记内容。
4. 了解外圆、内孔、圆锥面和平面的磨削方法。

磨削是用磨具以较高的线速度对工件表面进行加工的方法。磨削可获得很高的加工精度，其经济加工精度为 IT7 ~ IT6；磨削可获得很小的表面粗糙度值（*Ra*0.8 ~ 0.2 μm），因此磨削被广泛用于工件的精加工。

第 1 节　磨　床

磨床是用磨具或磨料加工工件各种表面的机床。它是机器零件精密加工的主要设备，可以加工其他机床不能加工或很难加工的高硬度材料。

一、磨床的类型和组成

磨床的种类很多，目前生产中应用最多的是外圆磨床、内圆磨床、平面磨床和工具磨床等。

1. 外圆磨床

外圆磨床主要用于磨削圆柱形和圆锥形外表面。一般工件装夹在头架和尾架之间进行磨削。外圆磨床种类较多，其中以普通外圆磨床和万能外圆磨床应用最广。

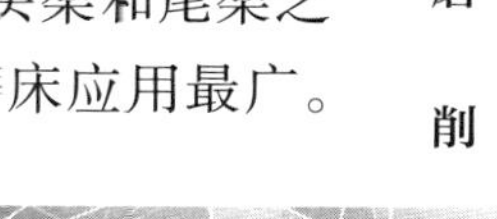

如图 5-1 所示是一种常用的万能外圆磨床，它主要由床身、头架、砂轮架、工作台、尾座、内圆磨头等部件组成。

（1）床身

床身用以支承磨床其他部件。床身上面有纵向导轨和横向导轨，分别为磨床工作台和砂轮架的移动导轨。

（2）头架

头架主轴可与卡盘连接或安装顶尖，用以装夹工件。头架主轴由头架上的电动机经带传动、头架内的变速机构带动回转，实现工件的圆周进给。头架可绕垂直轴线逆时针回转 0° ~ 90°。

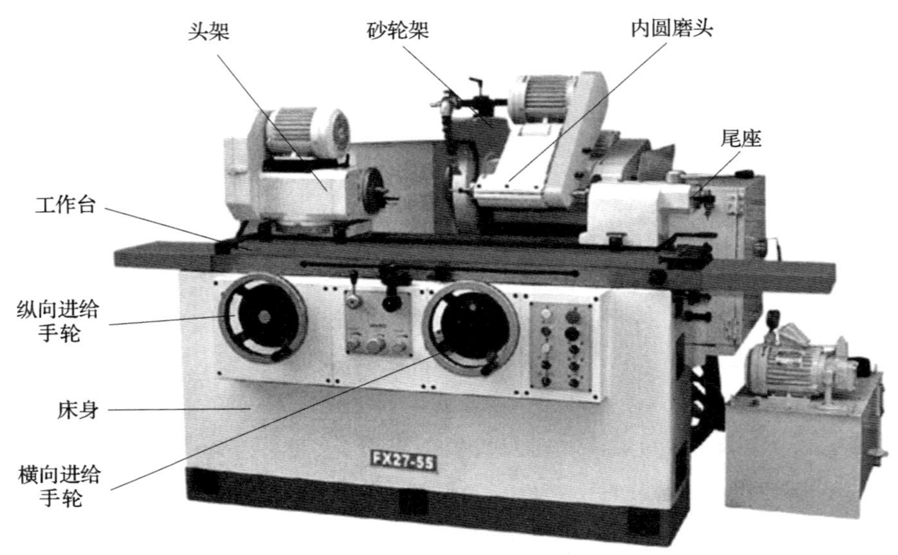

图 5-1　万能外圆磨床

（3）砂轮架

砂轮架用以支承砂轮主轴，砂轮装在砂轮主轴的前端，由单独的电动机驱动做高速旋转运动，是主运动。砂轮架可以通过液压系统或横向进给手轮使其做机动或手动横向进给。砂轮架可绕垂直轴线回转 -30° ~ 30°。

（4）工作台

工作台由上、下两层组成，上层可绕下层中心线在水平面内沿顺时针方向或逆时针方向各回转 3°（共 6°），以便磨削圆锥角较小的长圆锥工件。工作台上层用以安装头架和尾座，工作台下层连同上层一起沿床身纵向导轨移动，实现工件的纵向进给。纵向进给可通过手轮手动调节。工作台由液压传动系统带动其沿床身导轨做纵向往复直线进给运动。

（5）尾座

尾座套筒内安装后顶尖，用以支承工件的另一端。后端装有弹簧，利用可调节的弹簧力顶紧工件，也可以在长工件受磨削热影响而伸长或弯曲变形的情况下，为工件的装卸提供方便。装卸工件时，可采用手动或液动方式使尾座套筒缩回。

（6）内圆磨头

内圆磨头上装有内圆磨具，用来磨削内圆。它由专门的电动机经平带带动其主轴高速回转，实现内圆磨削的主运动。不用时，内圆磨头翻转到砂轮架上方，磨内圆时将其翻下使用。

2. 内圆磨床

内圆磨床主要用于磨削圆柱形和圆锥形内表面及其端面。内圆磨床分为普通内圆磨床、行星内圆磨床、无心内圆磨床、坐标磨床和专门用途内圆磨床等。

普通内圆磨床主要由头架、砂轮架、工作台、床鞍、内圆磨头、床身等部件组成，如图 5-2 所示。头架固定在床身上，工件装夹在头架主轴前端的卡盘中，由头架主轴带动工件做圆周进给运动。砂轮安装在砂轮架中的内圆磨头主轴上，由单独的电动机直接驱动砂轮做高速旋转运动，是主运动。砂轮架安装在床鞍上，当工作台由液压传动系统带动做直线往复运动一次后，砂轮架做一次横向进给。头架还可绕竖直轴转至一定角度以磨削锥孔。

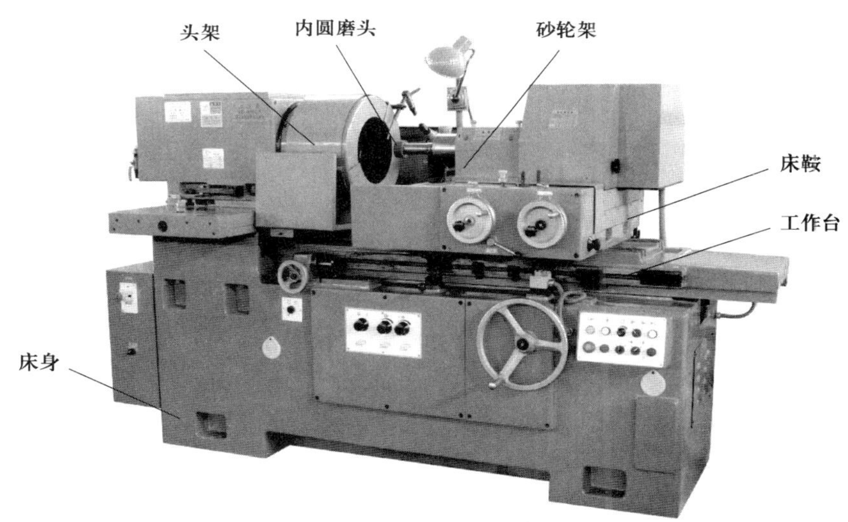

图 5-2　普通内圆磨床外形图

3. 平面磨床

平面磨床主要用于磨削工件平面。常用的平面磨床按其砂轮轴线位置和工作台的结构特点，可分为卧轴矩台平面磨床、立轴矩台平面磨床、卧轴圆台平面磨床、立轴圆台平面磨床等几种类型，如图 5-3 所示。其中，卧轴矩台平面磨床应用最广。

（1）平面磨床组成

如图 5-4 所示是一种常用的卧轴矩台平面磨床，它由床身、立柱、矩形工作台和磨头等组成。平面磨床的主要部件及其功用如下：

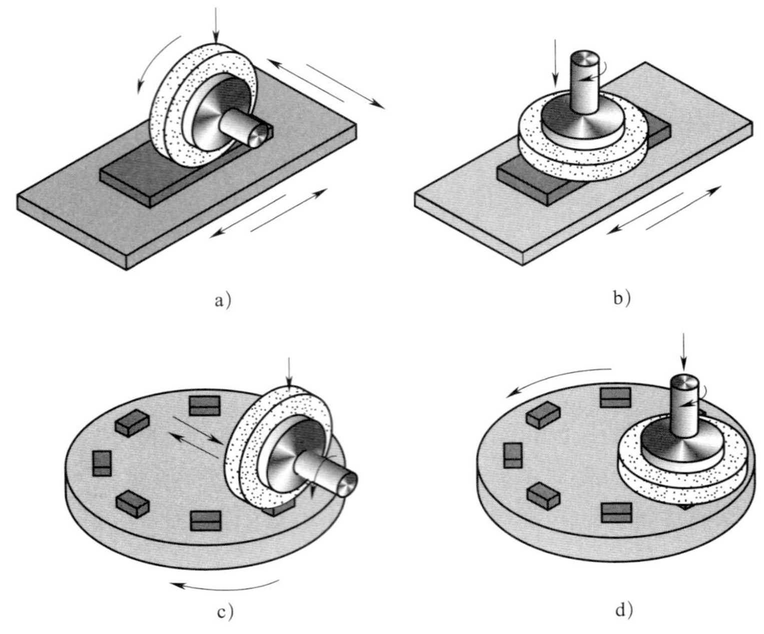

图 5-3 平面磨床的类型及磨削运动

a）卧轴矩台平面磨床 b）立轴矩台平面磨床 c）卧轴圆台平面磨床 d）立轴圆台平面磨床

1）矩形工作台。矩形工作台安装在床身的水平纵向导轨上，由液压传动系统实现纵向直线往复移动，利用撞块自动控制换向。矩形工作台上装有电磁吸盘，用于固定、装夹工件或夹具。

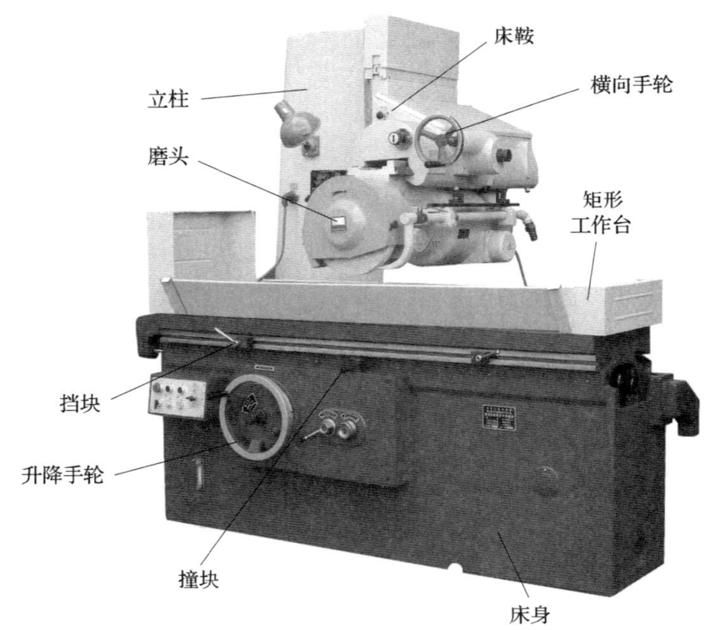

图 5-4 卧轴矩台平面磨床

2）磨头。装有砂轮主轴的磨头可沿床鞍上的水平燕尾导轨移动，磨削时的横向步进进给和调整时的横向连续移动由液压传动系统实现，也可用横向手轮手动操纵。磨头的高低位置调整或垂直进给运动，由升降手轮操纵，通过床鞍沿立柱的垂直导轨的移动来实现。

（2）主运动与进给运动

M7120A 型平面磨床运动示意图如图 5-5 所示。

1）主运动。磨头主轴上砂轮的回转运动是主运动。

2）进给运动。进给运动包括工作台的纵向进给运动、砂轮的横向和垂直进给运动。

①工作台的纵向进给运动。由液压传动系统实现，移动速度范围为 1 ~ 18 m/min。

②砂轮的横向进给运动。在工作台每一个往复行程终了时，由磨头沿床鞍的水平导轨横向步进实现。

③砂轮的垂直进给运动。由升降手轮操纵，手动使床鞍沿立柱垂直导轨上下移动，用以调整磨头的高低位置和控制背吃刀量。

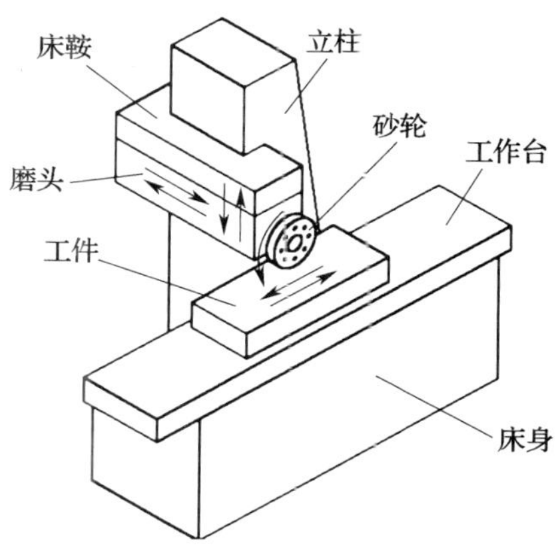

图 5-5　M7120A 型平面磨床运动示意图

二、磨床的功用

磨床可用来磨削各种内、外圆柱面，内、外圆锥面，平面，成形面等，磨床的主要功用见表 5-1。

表 5-1　磨床的主要功用

功用	磨外圆	磨孔	磨平面
图例			
功用	无心磨削外圆	磨成形面	磨螺纹
图例			

续表

功用	磨齿轮	磨花键	磨导轨
图例	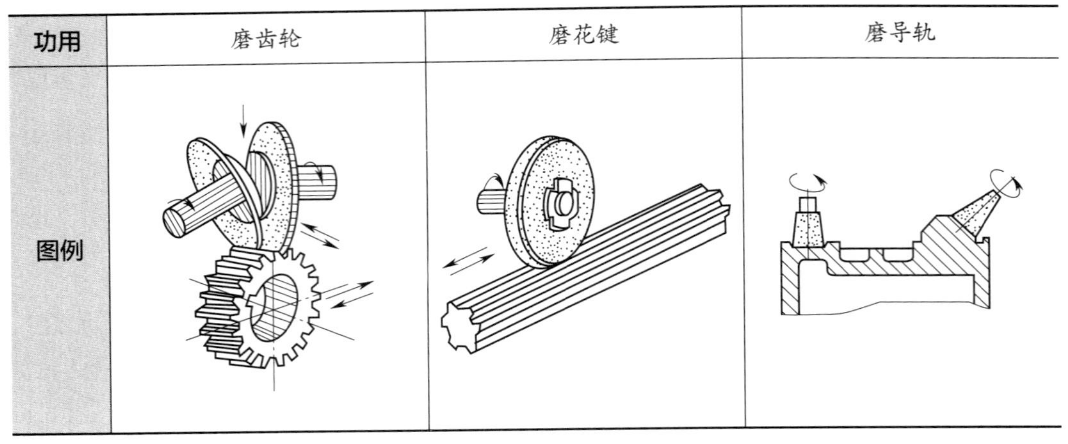		

第2节　砂　　轮

一、砂轮的组成和特性

1. 砂轮的组成

砂轮是用各种类型的结合剂把磨粒结合起来，经压坯、干燥、烧制及车整而成的磨削工具，因此，砂轮由磨粒、结合剂和气孔三要素组成，如图 5-6 所示。

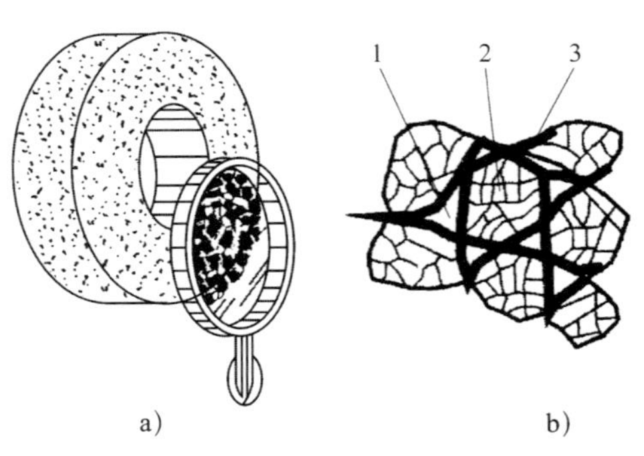

图 5-6　砂轮及其组成

a）砂轮　b）组成三要素

1—气孔　2—磨粒　3—结合剂

2. 砂轮的特性

砂轮的特性由磨料、粒度、硬度、组织、结合剂、形状和尺寸、强度（最高工作速度）七个方面的要素来衡量。各种不同特性的砂轮，均有一定的适用范围，因此应按照实际的磨削要求合理地选择和使用砂轮。

（1）磨料

在磨削（包括研磨和抛光）和切割中起切削作用的材料称为磨料。它是砂轮的主要成分，是砂轮产生切削作用的根本要素。由于磨削时要承受强烈的挤压、摩擦和高温的作用，所以磨料应具有极高的硬度、耐磨性、耐热性，以及相当的韧性和化学稳定性。

制造砂轮的磨料，分为普通磨料和超硬磨料。普通磨料是以刚玉、碳化物为主的传统磨料。超硬磨料是指金刚石和立方氮化硼等高硬度的磨料。

（2）粒度

磨料的颗粒称为磨粒，磨粒尺寸大小的量度称为粒度。磨料粒度影响磨削的质量和生产率。粒度的选用主要依据加工的表面粗糙度要求和加工材料的力学性能，见表 5-2。

表 5-2 粒度及选用

粒度	粗磨粒 F4 ～ F220			微粉 F230 ～ F1200
	粗粒度	中粒度	细粒度	极细粒度
粒度值	4	30	70	230
	5	36	80	240
	6	40	90	280
	7	46	100	320
	8	54	120	360
	10	60	150	400
	12	—	180	500
	14	—	220	600
	16	—	—	800
	20	—	—	1 000
	22	—	—	1 200
	24	—	—	—
选用	粗磨或磨削质软、塑性大的材料	半精磨	精磨或磨削质硬、脆性的材料	超精磨削

（3）硬度

砂轮的硬度是指结合剂黏结磨粒的牢固程度，它表示砂轮在外力（磨削抗力）作用下磨粒从砂轮表面脱落的难易程度。磨粒易脱落的砂轮硬度低，称为软砂轮；磨粒不易脱落的砂轮硬度高，称为硬砂轮。

砂轮的硬度对磨削的加工精度和生产率有很大的影响。通常磨削硬度高的材料时应选用软砂轮，以保证磨钝的磨粒能及时脱落；磨削硬度低的材料时应选用硬砂轮，以充分发挥磨粒的切削作用。砂轮的硬度及等级代号见表 5-3，A 为最软，Y 为最硬。

表 5-3 砂轮的硬度及等级代号（GB/T 2484—2018）

砂轮的硬度等级代号				砂轮的硬度
A	B	C	D	超软
E	F	G	—	很软
H	—	J	K	软
L	M	N	—	中

续表

砂轮的硬度等级代号				砂轮的硬度
P	Q	R	S	硬
T	—	—	—	很硬
—	Y	—	—	超硬

砂轮的硬度由软至硬共分19级。必须注意，砂轮的硬度与磨料的硬度是两个不同的概念，不能混淆。

（4）组织

砂轮的组织是指砂轮内部磨料、结合剂和气孔的体积比例。根据磨粒在整个砂轮中所占体积的比例不同，砂轮组织分成三大类共15级，可用数字标记，通常为0 ~ 14；组织号数字越大，表示组织越疏松。砂轮的代号、组织及选用见表5-4。

表5-4　砂轮的代号、组织及选用

代号	0 ~ 4	5 ~ 8	9 ~ 14
组织	紧密	中等	疏松
选用	精密磨削、成形磨削	一般磨削	磨削硬度低、韧性大的工件，或砂轮与工件接触面积大的场合，或粗磨

（5）结合剂

结合剂是用来将分散的磨粒固结成具有一定形状和足够强度的磨具的材料。结合剂的种类和性质会影响砂轮的硬度、强度、耐腐蚀性、耐热性及抗冲击性等。常见结合剂的代号及名称见表5-5。

表5-5　常见结合剂的代号及名称

代号	名称	代号	名称
B	树脂或其他热固性有机结合剂	PL	热塑性塑料结合剂
BF	纤维增强树脂结合剂	R	橡胶结合剂
E	虫胶结合剂	RF	增强橡胶结合剂
MG	菱苦土结合剂	V	陶瓷结合剂

（6）形状和尺寸

根据磨床的结构及磨削的加工需要，砂轮有各种不同的形状和尺寸规格。

（7）强度（最高工作速度）

砂轮的强度是指在惯性力作用下砂轮抵抗破碎的能力。砂轮回转时产生的惯性力与砂轮的切削速度的平方成正比。因此，砂轮的强度通常用最高工作速度表示。

砂轮应按下列范围的最高工作速度进行设计和制造，磨具最高工作速度的范围为：<16—15—20—25—32—35—40—45—50—63（或 60）—70（或 72）—80—100—125，其单位为 m/s。

二、磨具的标记

1. 标记的内容

固结磨具的标记内容包括磨具名称、产品标准号、基本形状代号、圆周型面代号（若有）、尺寸（包括型面尺寸）、磨料牌号（可选性的）、磨料种类、磨料粒度、硬度等级、组织号（可选性的）、结合剂种类、最高工作速度。

2. 标记示例

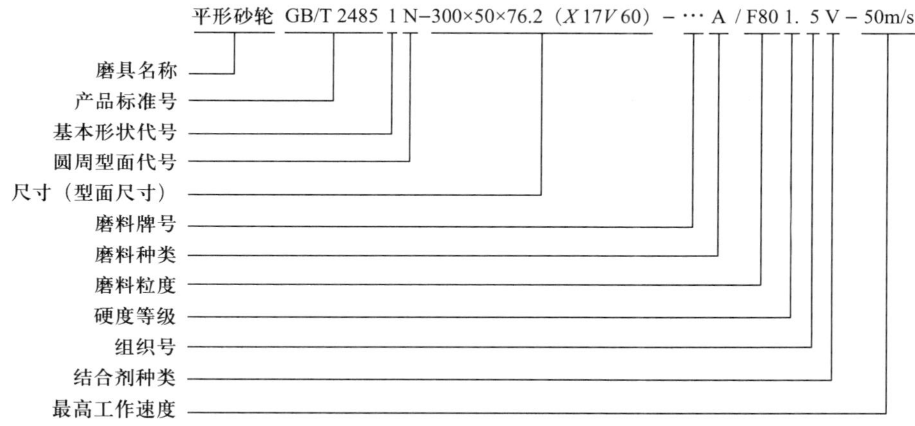

第 3 节 磨 削 方 法

一、在外圆磨床上磨外圆

1. 工件的装夹

磨外圆时常用的工件装夹方法有两顶尖装夹、自定心卡盘装夹（没有中心孔的圆柱形工件）和单动卡盘装夹（外形不规则的工件）三种。

两顶尖装夹工件的方法如图 5−7a 所示。工件由头架的拨盘和拨杆带动的鸡心夹头（见图 5−7b）带动旋转。由于磨床所用的前、后顶尖都是固定不动的（即固定顶尖），后顶尖又是依靠弹簧顶紧工件，使工件与顶尖始终保持适当的松紧程度，所以可避免磨削时因顶尖摆动而影响工件的精度。因此，两顶尖装夹工件的方法，定位精度高，装夹工件方便，应用最为普遍。

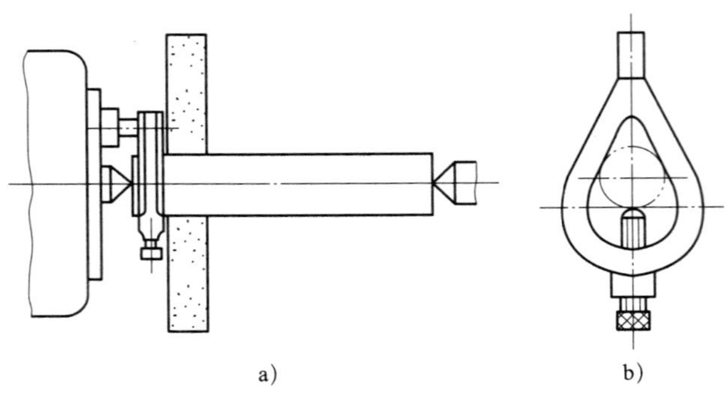

图 5-7　两顶尖装夹工件

a）用两顶尖装夹工件　b）鸡心夹头

2. 磨削方法

外圆磨削方法主要有纵向磨削法、横向磨削法、综合（分段）磨削法和深度磨削法，见表 5-6。

表 5-6　外圆磨削方法

方法	图示	磨削过程	特点及应用
纵向磨削法	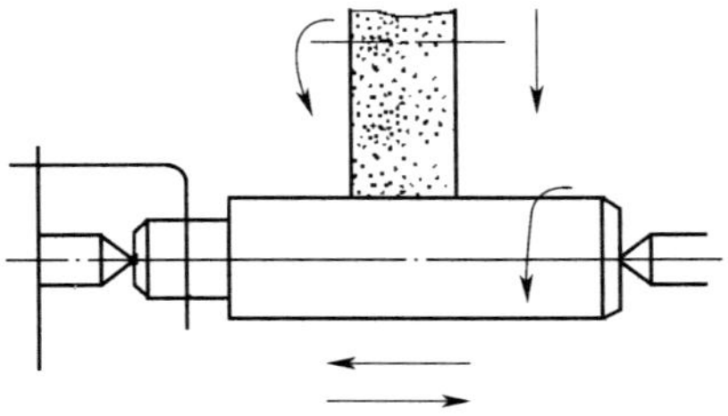	砂轮的高速回转为主运动，工件低速回转，做圆周进给运动，工作台做纵向往复进给运动，实现对工件整个外圆表面的磨削 每当一次纵向往复行程终了时，砂轮做周期性的横向进给运动，直至达到所需的背吃刀量	砂轮上处于纵向进给方向一侧的磨粒担负主要切削工作，周边上其余磨粒只起修光作用，减小表面粗糙度值 砂轮的每次背吃刀量很小，生产率低，但可获得较高的加工精度和较小的表面粗糙度值，在生产中应用最广泛
横向磨削法（又称切入磨削法）	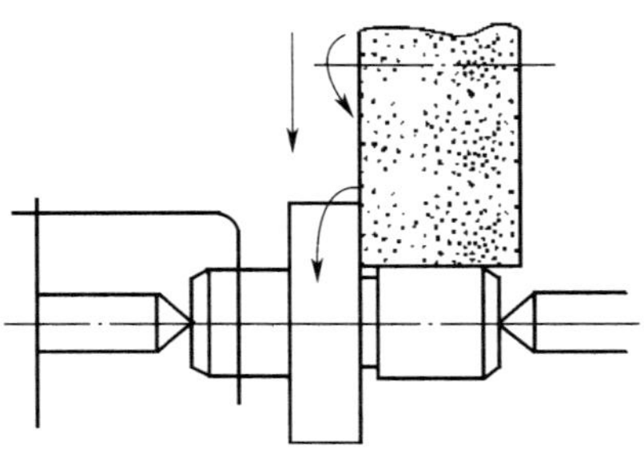	磨削时，由于砂轮厚度大于工件被磨削外圆的长度，工件无纵向进给运动 砂轮高速回转，是主运动，工件低速回转做圆周进给运动，同时砂轮以很慢的速度连续或间断地向工件横向进给切入磨削，直至磨去全部余量	砂轮与工件接触长度内的磨粒的工作情况相同，均起切削作用，因此生产率较高，但磨削力和磨削热大，工件容易产生变形，甚至发生烧伤现象，加工精度降低，表面粗糙度值增大 受砂轮厚度的限制，只适用于磨削长度较短的外圆及不能用纵向进给的场合

续表

方法	图示	磨削过程	特点及应用
综合（分段）磨削法	5~15	磨削时，先采用横向磨削法分段粗磨外圆，并留精磨余量，然后再用纵向磨削法精磨到规定的尺寸	粗磨后在一次纵向进给运动中，将工件磨削余量全部切除而达到规定的尺寸要求
深度磨削法	T　T　0.05　0.05　0.6T　0.4T 双台阶砂轮　五台阶砂轮	在一次纵向进给运动中，将工件磨削余量全部切除而达到规定尺寸要求，磨削方法与纵向磨削法相同，但砂轮需修成阶梯形 磨削时，砂轮各台阶的前端担负主要切削工作，各台阶的后部起精磨、修光作用，前面的各台阶完成粗磨，最后一个台阶完成精磨	台阶的数量及深度按磨削余量的大小和工件的长度确定 适用于磨削余量和刚度较大的工件的批量生产，应选用刚度和功率大的机床，使用较小的纵向进给速度，并注意充分冷却

二、在外圆磨床上磨内圆

1. 内圆磨削方法

内圆磨削是常用的内孔精加工方法，可以加工工件上的通孔、不通孔、台阶孔及端面等。在万能外圆磨床上磨内圆的方法见表 5–7。

表 5–7　在万能外圆磨床上磨内圆的方法

方法	图示	磨削过程
纵向磨削法		与外圆的纵向磨削法相同，砂轮的高速回转为主运动，工件以与砂轮回转方向相同的低速回转完成圆周进给运动，工作台沿被加工孔的轴线方向做往复移动，完成工件的纵向进给运动，在每一次往复行程终了时，砂轮沿工件径向周期横向进给
横向磨削法		磨削时，工件只做圆周进给运动，砂轮的高速回转为主运动，同时以很慢的速度连续或断续地向工件做横向进给运动，直至孔径被磨到规定尺寸

2. 内圆磨削特点

与磨外圆相比，磨内圆有如下特点：

（1）砂轮与砂轮接长轴的直径都受到工件孔径的限制，因此，一方面磨削速度难以提高，另一方面磨具刚度较差，容易振动，使加工质量和生产率受到影响。

（2）砂轮容易堵塞、磨钝，磨削时不易观察，冷却条件差。

（3）在万能外圆磨床上用内圆磨头磨削内圆主要用于单件、小批生产，在大批量生产中则宜使用内圆磨床磨削。

三、在外圆磨床上磨外圆锥面

在外圆磨床上磨外圆锥面的方法见表 5-8。

表 5-8　在外圆磨床上磨外圆锥面的方法

方法	图示	磨削过程	适用
转动工作台法	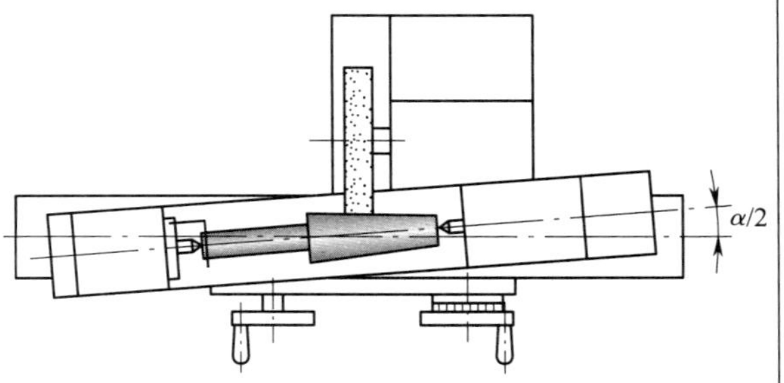	将工件装夹在两顶尖之间，圆锥大端在前顶尖侧、圆锥小端在后顶尖侧，将磨床的上工作台相对下工作台逆时针偏转一个圆锥半角 $\alpha/2$ 的角度 磨削时，用纵向磨削法或综合磨削法，从圆锥小端开始试磨	锥度不大的长圆锥工件
转动头架法	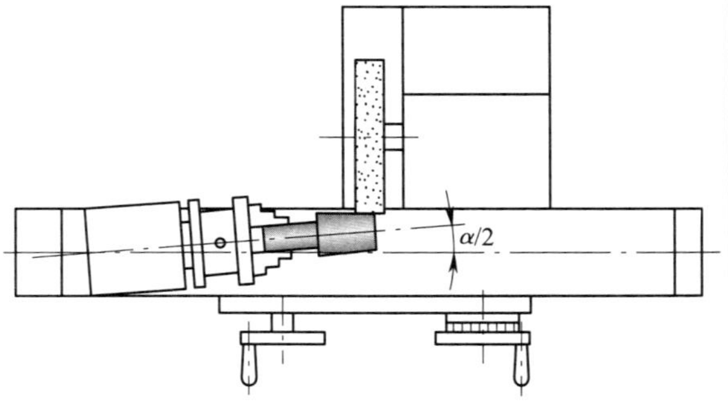	将工件装夹在头架的卡盘中，头架逆时针转动 $\alpha/2$ 角度，磨削方法与转动工作台法相同	锥度较大而长度较短的工件
转动砂轮架法	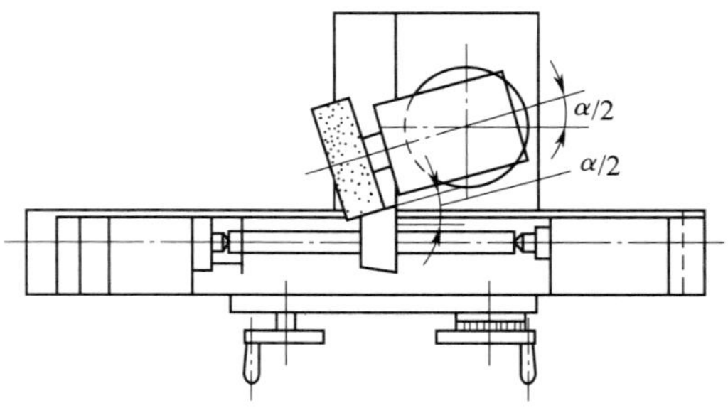	将砂轮架偏转 $\alpha/2$ 角度，用砂轮的横向进给进行圆锥面磨削，磨削中工作台不允许纵向进给，如果锥面的素线长度大于砂轮厚度，则需要用分段接刀的方法进行磨削	锥度较大且长度较长的工件，须用两顶尖装夹

四、在平面磨床上磨平面

1. 平面磨削方式及应用特点

以砂轮工作表面来分，有砂轮周边磨削、砂轮端面磨削和砂轮周边与端面同时磨削三种磨削方式，见表 5–9。

表 5–9 平面磨削方式及应用特点

磨削方式	图示	说明	应用特点
砂轮周边磨削		又称圆周磨削，是用砂轮圆周面进行的磨削	（1）冷却和排屑较好 （2）砂轮与工件接触面积小，磨削力和磨削热小 （3）适用于精磨各种工件的平面 （4）磨削时是间断进给运动，生产效率低
砂轮端面磨削		用砂轮的端面进行的磨削	（1）砂轮主要承受轴心力，变形较小 （2）砂轮与工件接触面积大，生产效率高，但切削热较大 （3）冷却和排屑不方便 （4）适用于磨削精度要求不高且形状简单的工件
砂轮周边与端面同时磨削	1—砂轮　2—工件　3—电磁吸盘	同时用砂轮的圆周和端面对工件进行的磨削	（1）砂轮圆周与端面同时与工件表面接触，磨削条件差，磨削热较大 （2）砂轮磨削进给量不宜过大，生产效率不高 （3）适用于磨削台阶深度不大的工件

2. 平面磨削方法

在平面磨床上磨平面的方法主要有横向磨削法、深度磨削法和台阶磨削法三种，见表 5–10。

表 5-10　在平面磨床上磨平面的方法

磨削方法	图示	磨削过程	特点及应用
横向磨削法		每当工作台纵向行程终了时，砂轮主轴做一次横向进给，待工件表面上第一层金属被磨去后，砂轮再按预选的背吃刀量做一次垂直进给，以后按上述过程逐层磨削，直至切除全部磨削余量	适用于磨削长而宽的平面，也适用于相同小件按序排列、集中磨削
深度磨削法		先粗磨（将粗磨余量一次磨去，留精磨余量），粗磨时的纵向移动速度很慢，而横向进给量很大，为（3/4 ～ 4/5）T（T为砂轮厚度），然后再用横向磨削法精磨	垂直进给次数少，生产率高，但磨削抗力大，仅适用于在刚度好、动力大的磨床上磨削平面尺寸较大的工件
阶梯磨削法		将砂轮厚度的前一半修成几个台阶，粗磨余量由这些台阶分别磨除，砂轮厚度的后一半用于精磨	适用于磨削位置精度要求高的平面，生产率高，但磨削时横向进给量不能过大，且砂轮修整较麻烦，其应用受到一定限制

课后练习

1. 常用万能外圆磨床主要由哪些部分组成？各部分的作用分别是什么？

2. 常用的平面磨床按砂轮轴线位置和工作台的结构特点，可分为哪几类？

3. M7120A 型平面磨床的进给运动有哪些?
4. 砂轮是由哪些要素组成的?
5. 砂轮的特性是由哪些要素来衡量的?
6. 固结磨具的标记由哪些内容组成?
7. 外圆磨削方法主要有哪几种?
8. 在万能外圆磨床上磨内圆的方法有哪几种?
9. 在外圆磨床上磨外圆锥面的方法有哪几种?
10. 平面磨削方式有哪几种?

刨削、插削和拉削

学习目标

1. 了解牛头刨床、龙门刨床的结构及其切削运动。
2. 了解刨削的加工范围以及常用表面的刨削方法。
3. 了解插床的结构，插削的主要内容以及常用插削方法。
4. 了解拉削的加工范围、拉刀的组成及常用拉削方法。

第 1 节　刨　　削

刨削是用刨刀对工件做水平方向相对直线往复运动的切削加工方法。刨削的加工精度通常为 IT9 ~ IT7，表面粗糙度值为 *Ra*12.5 ~ 1.6 μm；采用宽刃刀精刨时，加工精度可达 IT6，表面粗糙度 *Ra* 值可达 0.8 ~ 0.2 μm。

一、刨床

刨床分为牛头刨床、龙门刨床（包括悬臂刨床）两大类。

1. 牛头刨床

牛头刨床主要由底座、横梁、床身、滑枕、刀架、工作台等主要部件组成，如图 6–1 所示。

（1）牛头刨床的主要部件及其功用

1）床身。床身用以支承刨床的各个部件。床身的顶部和前侧面分别有水平导轨和垂直导轨。滑枕连同刀架可沿水平导轨做直线往复运动（主运动），横梁连同工作台可沿垂直导轨实现升降。床身内部有变速机构和驱动滑枕的摆动导杆机构。

图 6-1　牛头刨床

2）滑枕。滑枕前端与刀架相连，用来带动刨刀做直线往复运动，实现刨削。

3）刀架。刀架用来装夹刨刀并实现刨刀沿所需方向的移动。刀架与滑枕连接部位有转盘，可使刨刀按需要偏转一定角度。转盘上有导轨，摇动刀架手柄，滑板连同刀座沿导轨移动，可实现刨刀的间歇进给（手动），或调整背吃刀量。刀架上的抬刀板在刨刀回程时抬起，以防止擦伤工件和减小刀具的磨损。刀架的结构如图 6-2 所示。

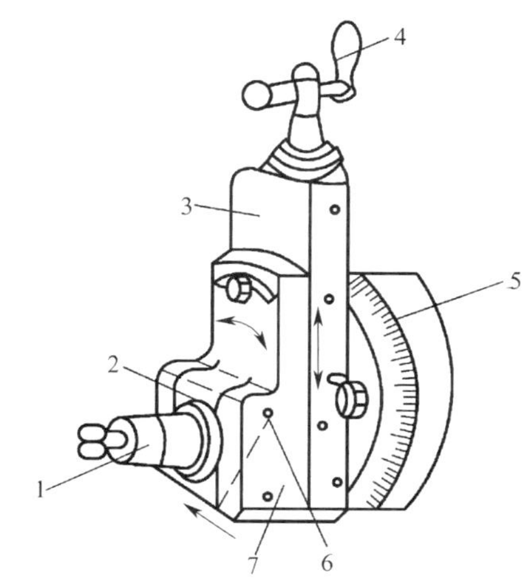

图 6-2　牛头刨床的刀架

1—刀夹　2—抬刀板　3—滑板　4—刀架手柄　5—转盘　6—转销　7—刀座

4）工作台。工作台用来安装工件，可沿横梁横向移动和随横梁一起沿床身垂直导轨升降，以便调整工件的位置。在横向进给机构驱动下，工作台可实现横向进给运动。

（2）牛头刨床的运动

牛头刨床的运动示意图如图 6-3 所示。

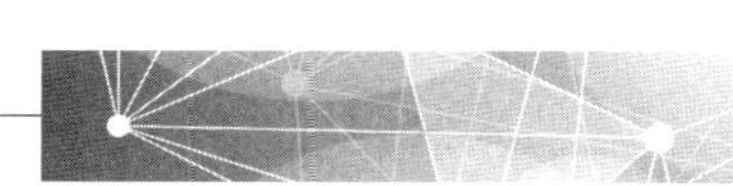

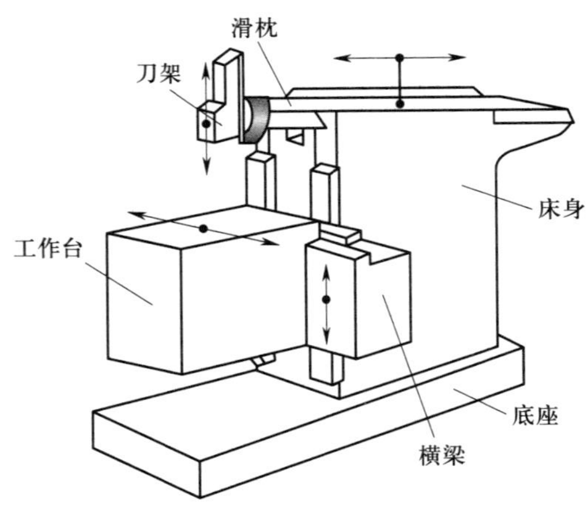

图 6–3　牛头刨床的运动示意图

1）主运动。主运动为刀架（滑枕）的直线往复运动。电动机的回转运动经带传动传递到床身内的变速机构，然后由摆动导杆机构将回转运动转换成滑枕的直线往复运动。

2）进给运动。进给运动包括工作台的横向移动和刨刀的垂直（或斜向）移动。工作台的横向进给由曲柄摇杆机构带动横向运动丝杠间歇转动实现，在滑枕每一次直线往复运动结束后到下一次工作行程开始前的间歇中完成。刨刀的垂直（或倾斜）进给则通过手动转动刀架手柄使其做间歇移动完成。

2. 龙门刨床

龙门刨床主要由床身、工作台、立柱、垂直刀架、侧刀架、横梁、顶梁等组成，如图 6–4 所示。

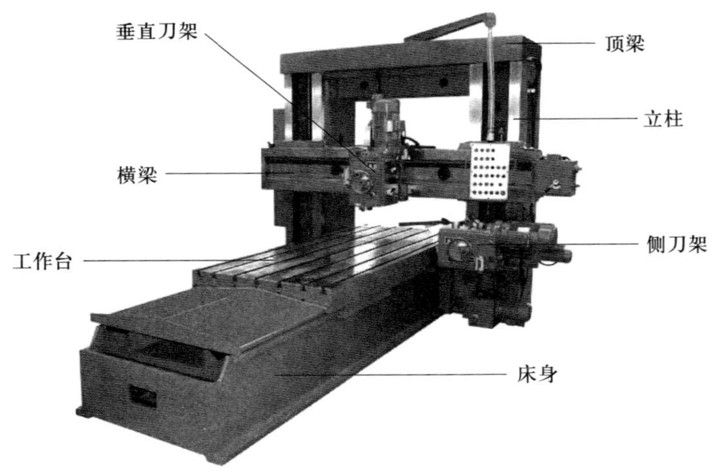

图 6–4　龙门刨床

在龙门刨床刨削时，主运动是工作台带动工件的直线往复运动，而进给运动是刨刀的横向或垂直间歇移动，这与牛头刨床的运动相反。如图 6–5 所示为在牛头刨床和龙门刨床上刨削平面时的切削运动示意图。

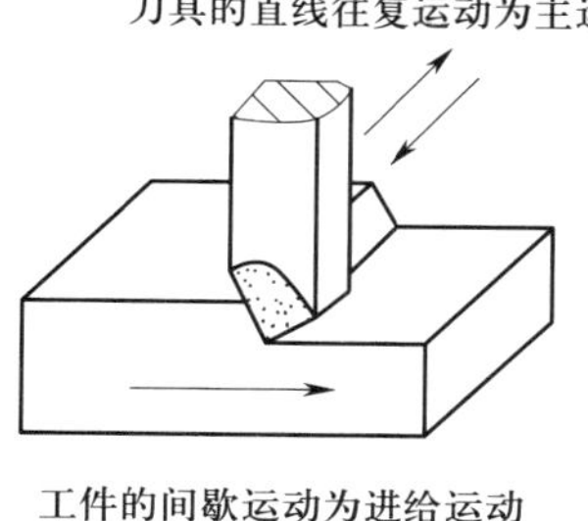

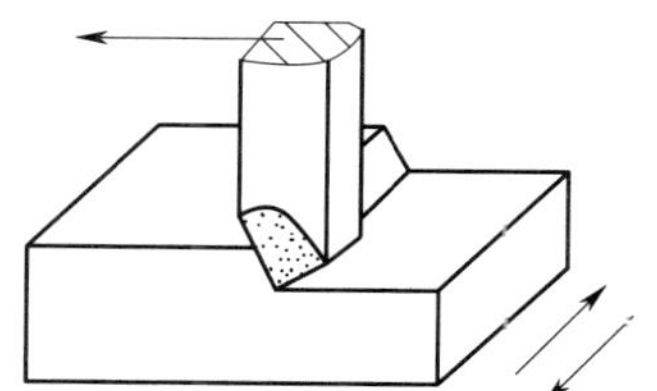

图 6-5　刨削平面时的切削运动示意图

a）在牛头刨床上刨削平面　b）在龙门刨床上刨削平面

二、刨削加工

1. 刨削的加工范围

刨削是平面加工的主要方法之一。在刨床上可以刨削平面（水平面、垂直面和斜面）、沟槽（直槽、V 形槽、T 形槽和燕尾槽）和曲面等，如图 6-6 所示。

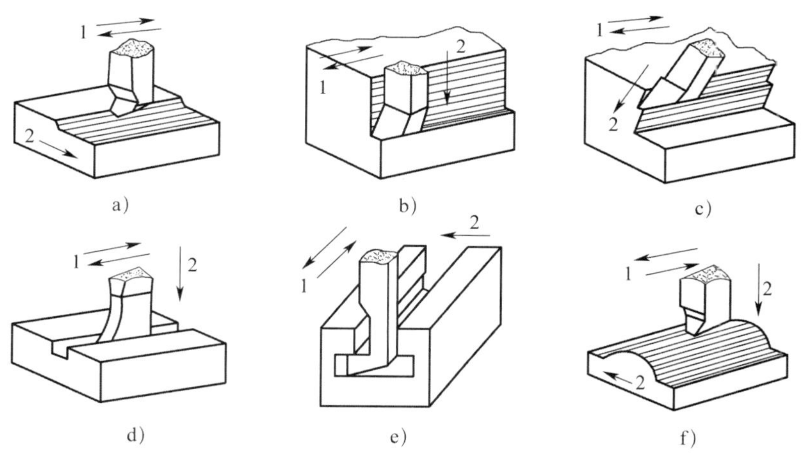

图 6-6　刨削的加工范围

a）刨削水平面　b）刨削垂直面　c）刨削斜面　d）刨削直槽　e）刨削 T 形槽　f）刨削曲面

1—主运动　2—进给运动

2. 刨刀及其装夹

刨刀属单刃刀具，其几何形状与车刀大致相同。由于刨削为断续切削，在每次切入工件时，刨刀承受较大的冲击力，所以刨刀的截面积一般比较大。为避免刨削时因“扎刀”而造成工件报废，刨刀常制成弯头形式（见图 6-7a）。而直杆刨刀（见图 6-7b）则一般用于粗加工。刨刀装夹时的要点：位置要正，刀头伸出长度应尽可能短，装夹必须牢固。

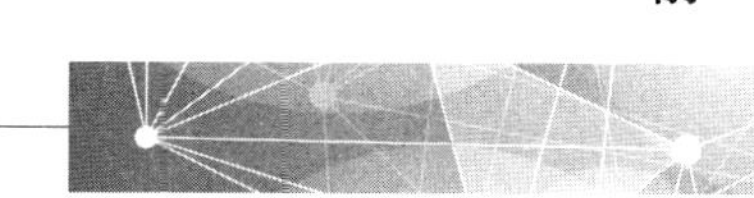

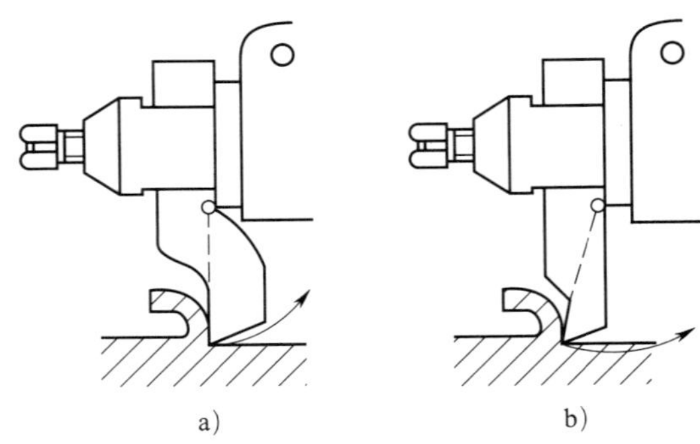

图 6-7　两种刨刀的刨削情况
a）弯头刨刀不易“扎刀”（用于精加工）　b）直杆刨刀容易“扎刀”（用于粗加工）

3. 工件的装夹

（1）机用虎钳装夹

较小的工件可用固定在工作台上的机用虎钳装夹，如图 6-8 所示。机用虎钳在工作台上的位置应正确，必要时应用百分表校正。装夹工件时应注意工件高出钳口或伸出钳口两端不宜过多，以保证夹紧可靠。

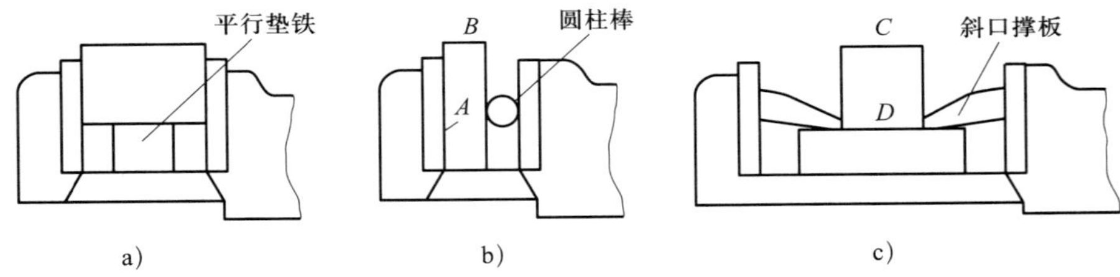

图 6-8　工件用机用虎钳装夹
a）刨削一般平面　b）工件 A、B 面间有垂直度要求　c）工件 C、D 面间有平行度要求

（2）压板装夹

较大的工件可直接置放于工作台上，用压板、螺栓、挡块等直接装夹，如图 6-9 所示。

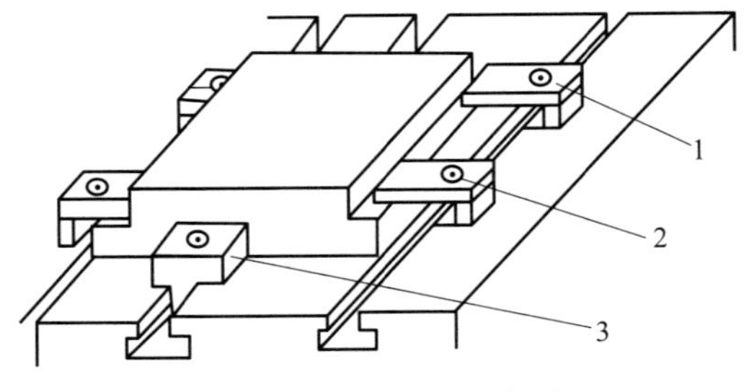

图 6-9　工件用压板装夹
1—压板　2—螺栓　3—挡块

4. 刨削方法

（1）刨削平面

1）刨削水平面。刨削水平面（见图 6–10）时，进给运动由工作台（工件）横向移动完成，背吃刀量由刀架控制。

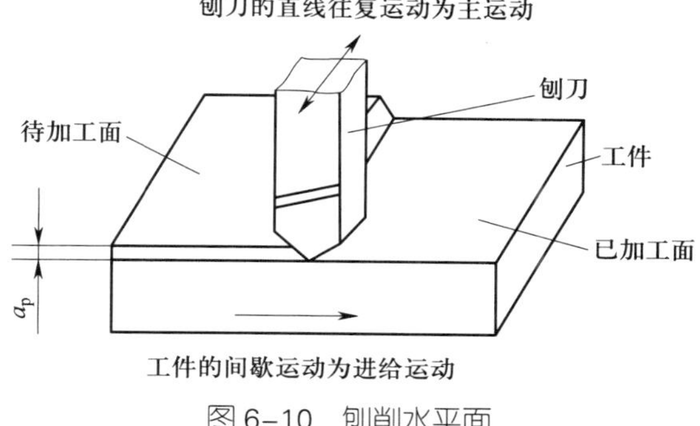

图 6–10　刨削水平面

刨刀一般采用两侧切削刃对称的尖头刀，以便于双向进给，减少刀具的磨损和节省辅助时间。

2）刨削垂直面。刨削垂直面时，刨刀采用偏刀，其几何形状如图 6–11 所示。摇动刀架手柄使刀架滑板（刀具）做手动垂直进给，背吃刀量通过工作台的横向移动来控制。

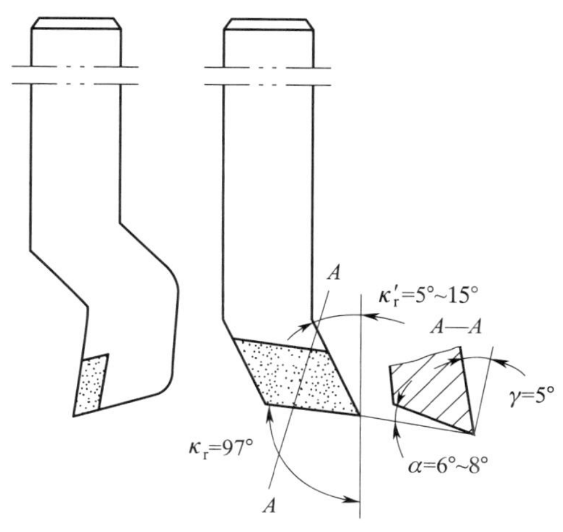

图 6–11　偏刀的几何形状

为保证加工平面的垂直度，加工前应将刀架转盘刻度对准零线，位置精度要求较高时，在刨削时应按需要进行微调以纠正偏差。为防止刨削时刀架碰撞工件，应将刀座偏转适当的角度（见图 6–12）。

3）刨削斜面。刨削斜面有两种方法：一是倾斜装夹工件，使工件被加工斜面处于水平位置，用刨削水平面的方法加工；二是将刀架转盘旋转所需角度，摇动刀架手柄使刀架滑板（刀具）做手动倾斜进给，如图 6–13 所示。

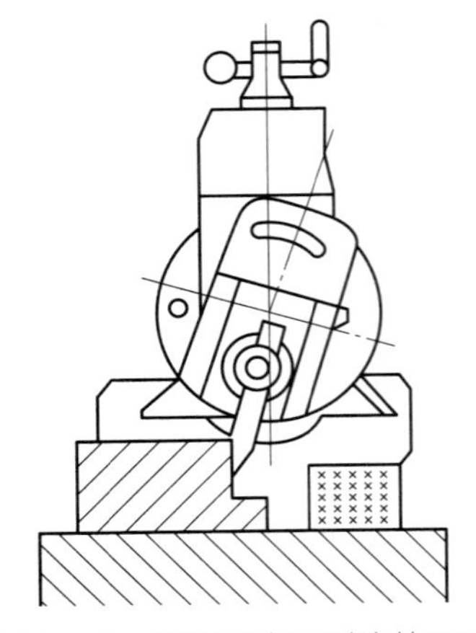
图 6–12　刨削垂直面时偏转刀座

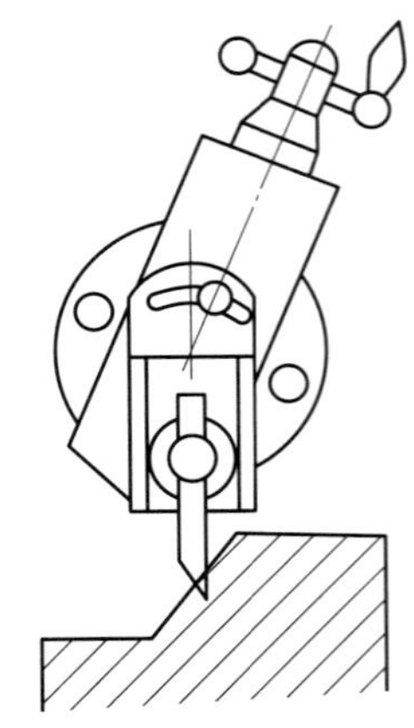
图 6–13　旋转刀架转盘刨削斜面

（2）刨削沟槽

1）刨削直槽。刨削直槽时，如果沟槽宽度不大，可用宽度与槽宽相当的直槽刨刀直接刨削到所需宽度，旋转刀架手柄实现垂直进给；如果沟槽宽度较大，则可横向移动工作台，分几次刨削达到所需槽宽。

2）刨削 V 形槽。刨削 V 形槽时，应根据工件的划线校正，先用直槽刨刀刨削出底部直槽，然后换装偏刀，倾斜刀架和偏转刀座，用刨削斜面的方法分别刨削出 V 形槽的两侧面（见图 6–14）。

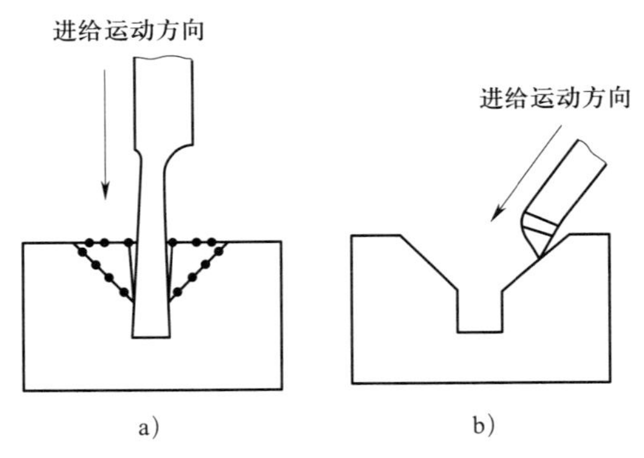

图 6–14　刨削 V 形槽
a）刨削 V 形槽底部直槽　b）刨削 V 形槽斜面

3）刨削燕尾槽。刨削燕尾槽的方法（见图 6–15）与刨削 V 形槽相似，采用左、右偏刀按划线分别刨削燕尾槽斜面，其加工顺序如图 6–15b 所示。

4）刨削 T 形槽。刨削 T 形槽需用直槽刨刀、左右弯切刀和倒角刀，按划线依次刨削直槽、两侧横槽和倒角，如图 6–16 所示。

（3）刨削曲面

刨削曲面有两种方法。一种方法是按划线通过工作台横向进给和手摇刀架垂直进给刨削出曲面；另一种方法是用成形刨刀刨削曲面，如图 6–17 所示。

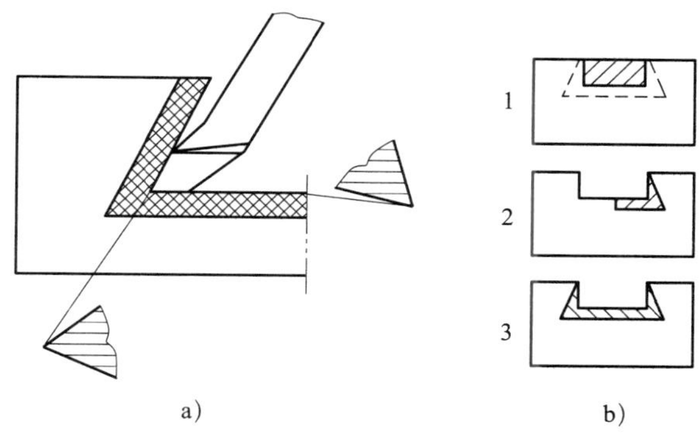

图 6-15　刨削燕尾槽

a）刨削燕尾槽用角度偏刀　b）加工顺序

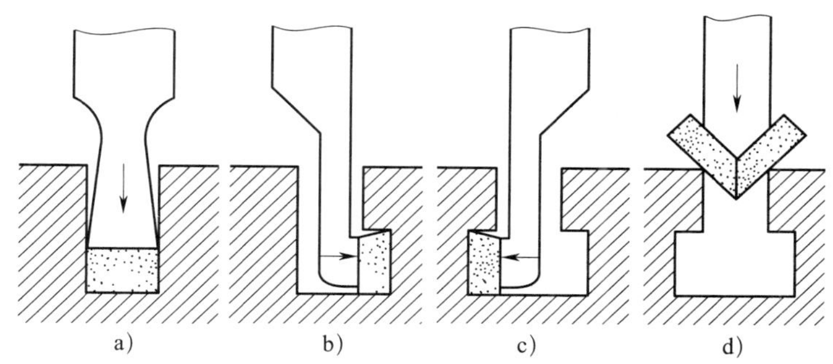

图 6-16　刨削 T 形槽

a）刨削直槽　b）刨削右横槽　c）刨削左横槽　d）倒角

图 6-17　用成形刨刀刨削曲面

第2节 插　　削

插削是用插刀对工件做垂直相对直线往复运动的切削加工方法，插削相当于立式刨削。插削的经济加工精度为 IT9 ~ IT7，表面粗糙度 *Ra* 值为 6.3 ~ 1.6 μm。

一、插床与插刀

1. 插床的结构

插床的结构与牛头刨床相似，可视为立式刨床。插床主要由床身、分度机构、变速机构、立柱、滑枕、圆工作台、上滑座、下滑座、刀架等组成，如图 6–18 所示。

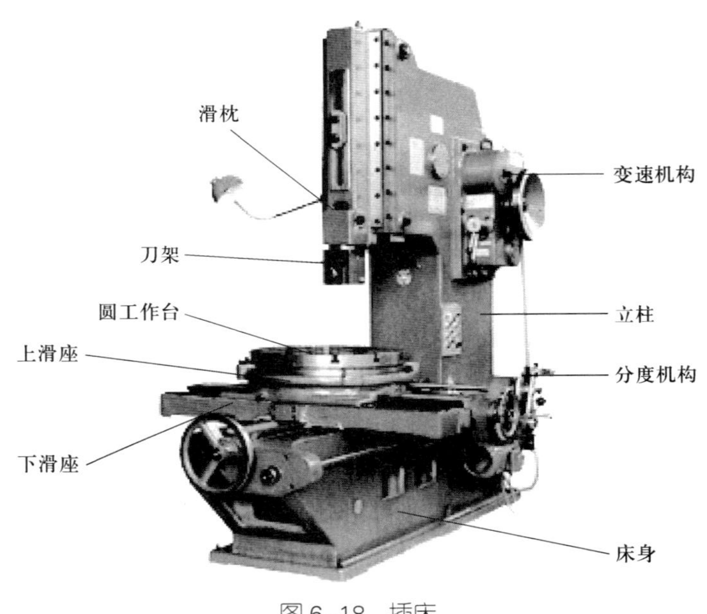

图 6–18　插床

插床的主运动是滑枕（插刀）的垂直直线往复运动。进给运动是上滑座和下滑座的水平纵向和横向移动，以及圆工作台的水平回转运动。

2. 插刀

插刀也属单刃刀具，常用的插刀如图 6–19 所示。与刨刀相比，插刀的前面与后面位置对调，为了避免刀杆与工件已加工表面碰撞，其主切削刃偏离刀杆正面。插刀的几何角度一般是：前角 γ_o=0° ~ 12°，后角 α_o=4° ~ 8°。

常用的尖刃插刀主要用于粗插或插削多边形孔，平刃插刀主要用于精插或插削直角沟槽。

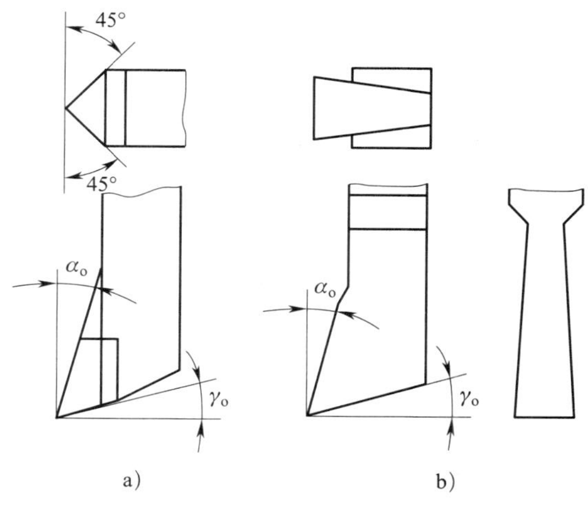

图 6-19　插刀

a）尖刃插刀（尖刀）　b）平刃插刀（切刀）

3. 插削的主要内容

插削与刨削的切削方式相同，只是插削是在铅垂方向进行切削的。此外，刨削是以加工工件外表面上的平面、沟槽为主；而插削是以加工工件内表面上的平面、沟槽为主。在插床上可以插削孔内键槽、方孔、多边形孔和花键孔等，如图 6-20 所示。

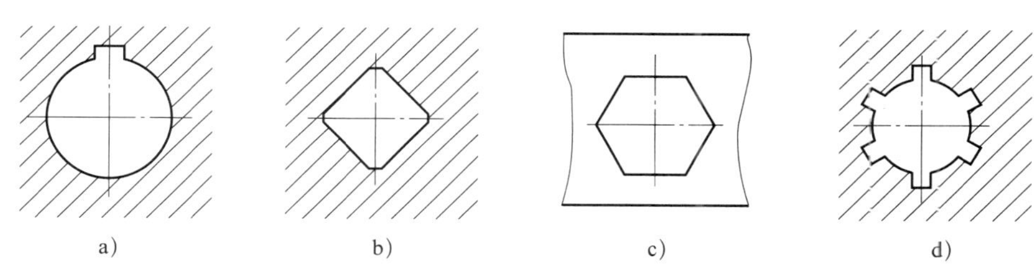

图 6-20　插削的主要内容

a）插削孔内键槽　b）插削方孔　c）插削多边形孔　d）插削花键孔

二、插削方法

1. 插削键槽

如图 6-21 所示，装夹工件并按划线找正工件位置，然后根据工件孔的长度（键槽长度）和孔口位置，手动调整滑枕和插刀的行程长度及起点和终点位置，防止插刀在工作中冲撞工作台而造成事故。

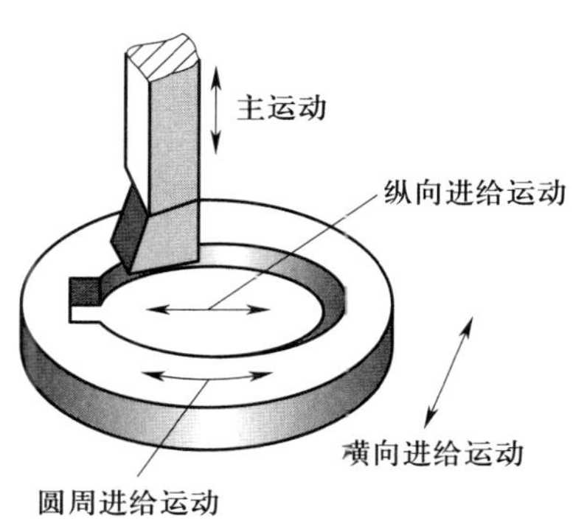

图 6-21　插削键槽

插削键槽一般应分为粗插和精插，以保证键槽的尺寸精度和对工件孔轴平面的对称度要求。

2. 插削方孔

插削较小的方孔时，可采用整体方头插刀插削，如图 6–22 所示。插削较大的方孔时，采用单边插削的方法，按划线找正，先粗插（每边留余量 0.2 ~ 0.5 mm），然后用 90° 角度插刀插去四个内角处未插去的部分。粗插时应注意测量方孔边至基准的尺寸，以保证尺寸精度和对称度要求。插削按第一边、第三边（对边）、第二边、第四边的顺序进行。

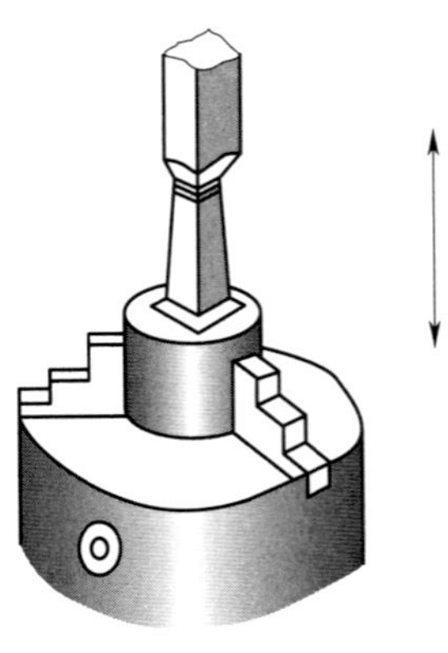
图 6–22　插削方孔

3. 插削花键

插削花键的方法与插削键槽的方法大致相同。不同的是花键各键槽除了应保证两侧面对轴平面的对称度外，还需要保证在孔的圆周上均匀分布，即等分性。因此，插削花键时常需要用分度盘进行分度。

第 3 节　拉　　削

用拉刀加工工件内、外表面的方法称为拉削。拉削的加工精度较高，经济精度可达 IT9 ~ IT7，表面粗糙度 *Ra* 值为 1.6 ~ 0.4 μm。

一、拉床

1. 拉床的结构

拉床分为卧式拉床和立式拉床两类。如图 6–23 所示为卧式拉床示意图。拉削时工作拉力较大，所以拉床一般采用液压传动。

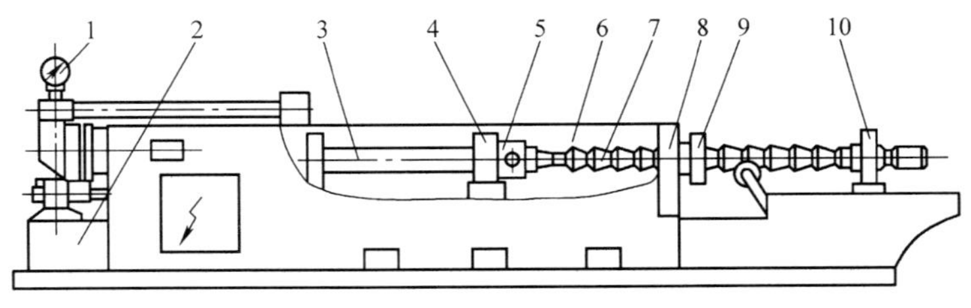

图 6–23　卧式拉床

1—压力表　2—液压传动部件　3—活塞拉杆　4—随动支架
5—刀架　6—床身　7—拉刀　8—支承　9—工件　10—随动刀架

2. 拉床的加工范围

拉削分内拉削和外拉削。内拉削可以加工圆孔、方孔、多边形孔、键槽、花键孔、内齿轮等各种型孔（直通孔），如图 6–24 所示。外拉削可以加工平面、成形面、花键轴的齿形、涡轮盘和叶片上的榫槽等。一些用其他加工方法不便加工的内、外表面，有时也可采用拉削加工。

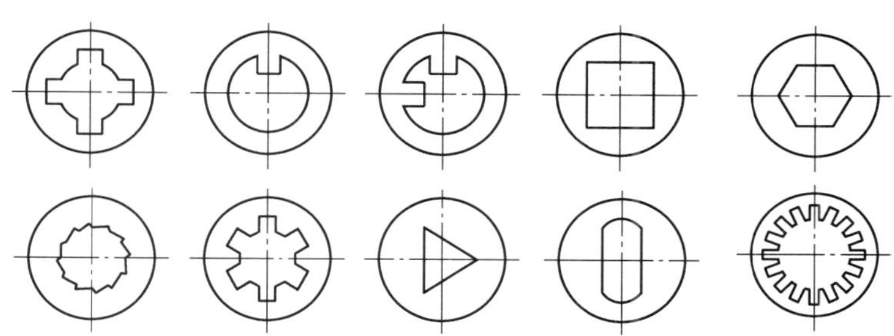

图 6-24　适于拉削的各种型孔

二、拉刀

拉刀是一类加工内、外表面的多齿高效刀具，它依靠刀齿尺寸或廓形变化切除加工余量，以达到要求的形状、尺寸和表面粗糙度，如图 6-25 所示。

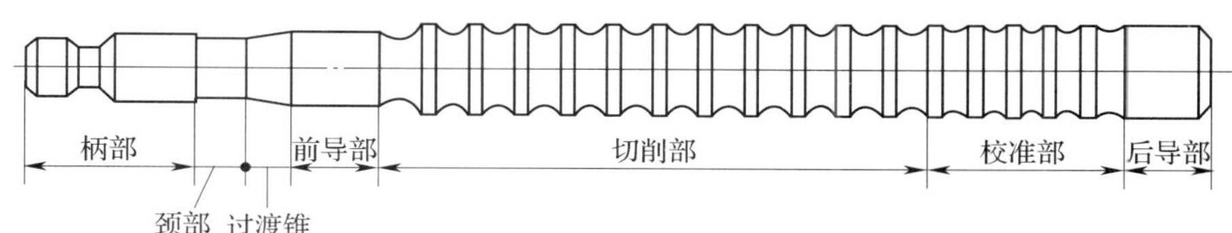

图 6-25　拉刀

拉刀由以下几部分组成：

1. 柄部

柄部为拉刀安装于拉床时被刀架夹持的部分，用以传递拉力。

2. 颈部

颈部便于柄部穿过拉床的挡壁，也是打标记的地方。

3. 过渡锥

过渡锥引导拉刀逐渐进入工作位置（如工件孔内）。

4. 前导部

前导部用来引导拉刀切削部分进入工作位置（如工件孔内），防止拉刀歪斜。

5. 切削部

切削部由许多刀齿组成，包括粗切齿和精切齿，后排刀齿比前排刀齿分别高出一个齿升量（每齿升高量），如图 6-26 所示，齿升量一般为 0.02 ～ 0.1 mm。拉削时各排刀齿依次切除一层金属，并在一次行程中切除全部加工余量。

6. 校准部

校准部起校正和修光作用，以提高加工精度和减小表面粗糙度值。校准部还可作为精切齿的后备齿。

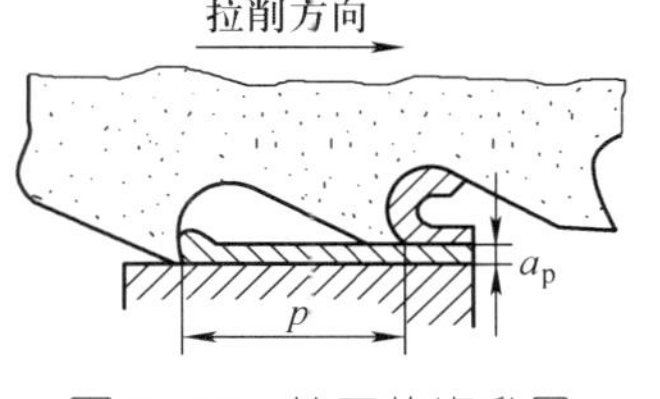

图 6-26　拉刀的齿升量

7. 后导部

后导部用于保持拉刀在拉削过程中最后的准确位置，

防止拉刀在即将离开工件时，因拉刀下垂而损伤已加工表面和拉刀刀齿。

此外，对于长而重的拉刀，在后导部之后还有带顶尖孔的尾部，可在从拉削开始到行程一半左右为止，用顶尖及中心架支承，以减小拉刀的摆尾。

三、拉削方法

拉削各种型孔时，工件一般不需要夹紧，只以工件的端面支承。因此，预加工孔的轴线与端面之间应满足一定的垂直度要求。如果垂直度误差较大，则可将工件端面贴紧在一个球面垫圈上，利用球面自动定位，如图 6–27 所示。

拉削加工的孔径通常为 10 ~ 100 mm，孔的长度与孔径的比值不宜大于 3。拉削前的预加工孔不需要经过精确加工，钻削或粗镗后即可进行拉削。

外表面的拉削，一般为非对称拉削，拉削力偏离拉刀和工件轴线，因此，除对拉力采用导向板等限位措施外，还须将工件夹紧，以免拉削时工件位置发生偏离。如图 6–28 所示为拉削 V 形槽时，使用导向板和压板的情形。

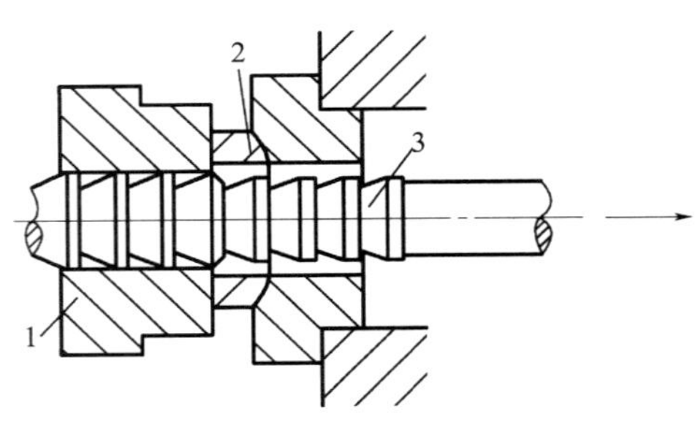

图 6–27　圆孔的拉削

1—工件　2—球面垫圈　3—拉刀

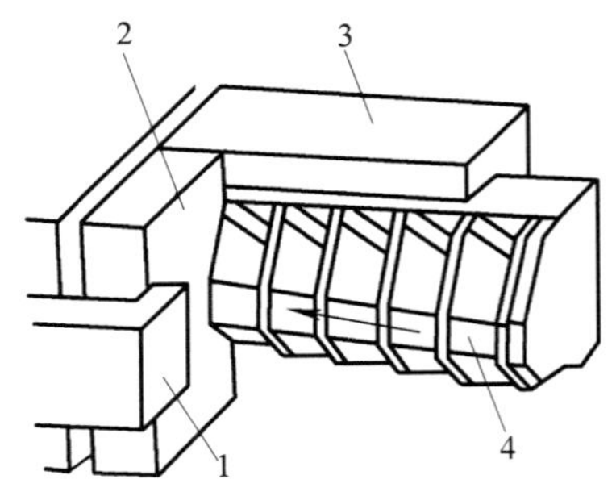

图 6–28　拉削 V 形槽

1—压紧元件　2—工件　3—导向板　4—拉刀

课后练习

1. 牛头刨床主要由哪些部分组成？各部分的作用分别是什么？
2. 简述牛头刨床的切削运动。
3. 简述刨削的加工范围。
4. 刨削斜面的方法有哪几种？
5. 插削的主要内容有哪些？
6. 如何插削方孔？
7. 拉刀由哪几部分组成？各部分的作用分别是什么？

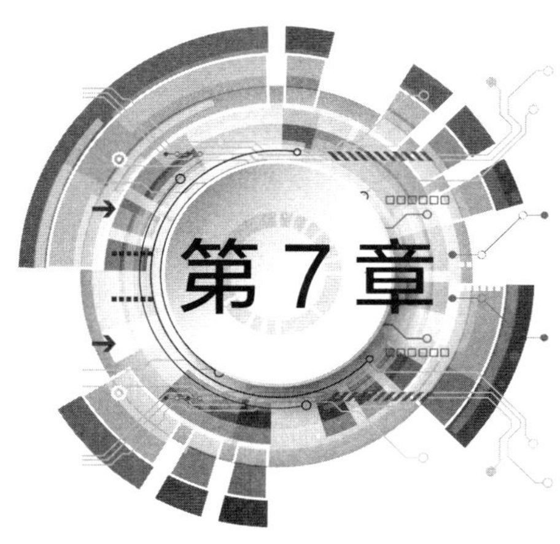

数控机床及加工程序

学习目标

1. 了解数控机床的结构及工作过程。
2. 了解常用数控机床的类型及用途。
3. 了解数控加工程序的概念及组成。
4. 了解数控加工程序的编制过程。

数控机床加工与传统机床加工的工艺规程从总体上说是一致的，但也发生了明显的变化，它是通过数字信息控制零件和刀具位移的机械加工方法。

第1节 数 控 机 床

数控机床是一种用计算机来控制的机床，用来控制机床的计算机，不管是专用计算机还是通用计算机都统称为数控装置。具有数控特性的各类机床均可称为相应的数控机床，如数控车床、数控铣床等。如图 7–1 所示为数控车床的外形图。

一、数控机床的结构

数控机床的品种很多，结构形式各不相同。按照部件的功能，可将数控机床分为控制介质、数控装置、伺服系统、测量反馈装置和机床主体五部分，如图 7–2 所示。

1. 控制介质

控制介质是指将零件加工信息传送到数控装置中的程序载体。控制介质有多种形式，随数控装置类型的不同而不同，常用的有闪存卡、移动硬盘、U 盘（见图 7–3）等。

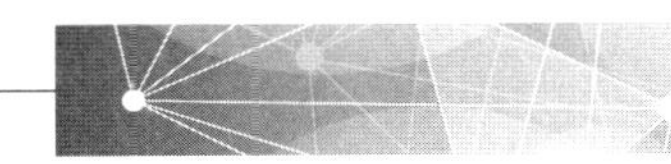

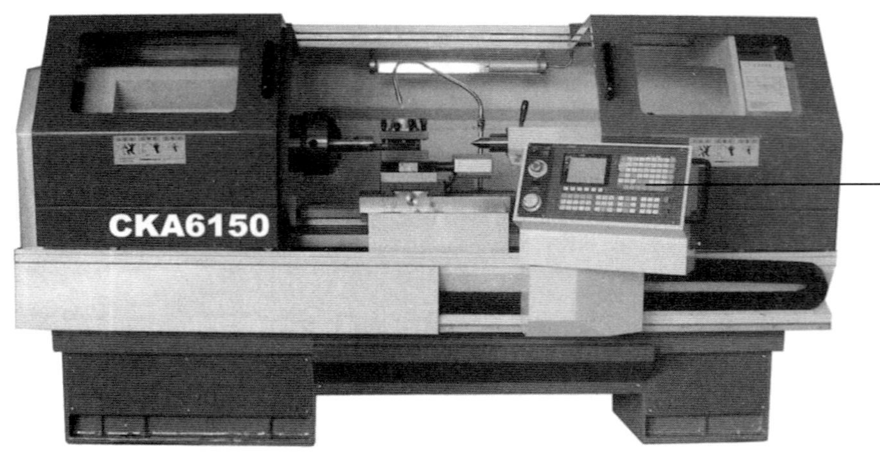

图 7–1　数控车床

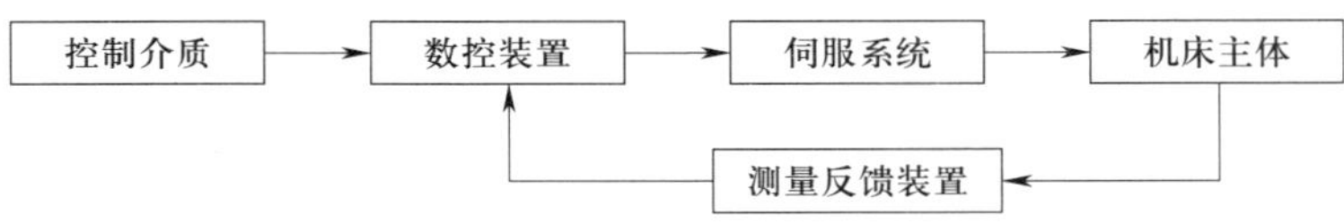

图 7–2　数控机床的组成

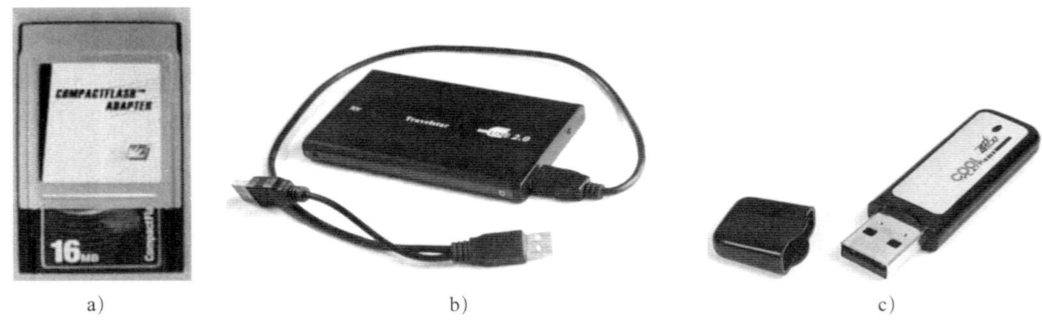

a)　　b)　　c)

图 7–3　控制介质

a）闪存卡　b）移动硬盘　c）U 盘

随着计算机辅助设计 / 计算机辅助制造（CAD/CAM）技术的发展，在某些数控设备（CNC）上，可利用 CAD/CAM 软件先在计算机上编程，然后通过计算机与数控系统通信，将程序和数据直接传送给数控装置。

2. 数控装置

数控装置是数控机床的核心，它由输入装置（如键盘）、控制运算器和输出装置（如显示器）等构成，如图 7–4 所示为某数控车床的数控装置。数控装置接收控制介质中的数字化信息或输入装置输入的数字化信息，

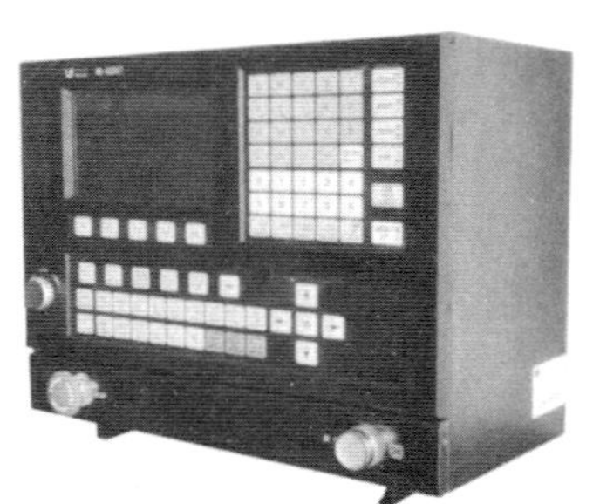

图 7–4　数控装置

经过控制软件或逻辑电路进行编译、运算和逻辑处理后，输出各种信号和指令，控制机床的移动部件，使其进行规定、有序的运动。

3. 伺服系统

伺服系统由驱动装置和执行部件（如伺服电动机）组成，它是数控系统的执行机构，如图 7–5 所示。伺服系统分为进给伺服系统和主轴伺服系统。伺服系统的作用是把来自 CNC 的指令信号转换为机床移动部件的运动，使工作台（或滑板）精确定位或严格按规定的轨迹做相对运动，最后加工出符合图样要求的零件。伺服系统作为数控机床的重要组成部分，其本身的性能直接影响整个数控机床的精度和速度。

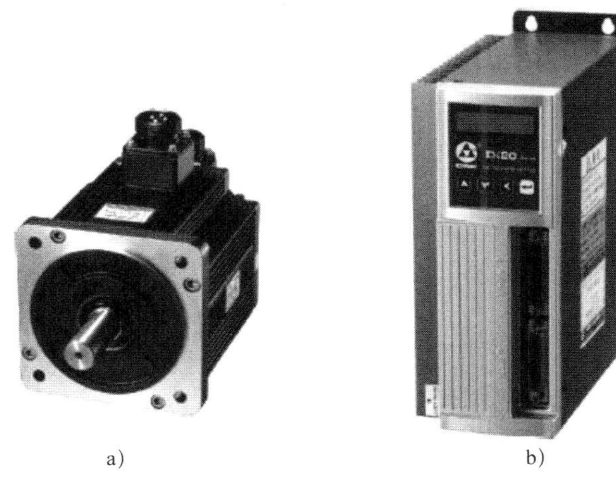

a）　　　　b）

图 7–5　伺服系统

a）伺服电动机　b）驱动装置

4. 测量反馈装置

测量反馈装置的作用是通过测量元件将机床移动的实际位置、速度参数检测出来，转换成电信号，并反馈到 CNC 装置中，使 CNC 能随时判断机床的实际位置、速度是否与指令一致，并发出相应指令，纠正所产生的误差。测量反馈装置一般安装在数控机床的工作台或丝杠上。

5. 机床主体

机床主体是数控机床的本体，主要包括床身、主轴、进给机构等机械部件，还有冷却、润滑、换刀、夹紧等辅助装置。

二、数控机床的工作过程

数控机床的运动和辅助动作均受控于数控装置发出的指令，而数控装置的指令是由程序员根据工件的材质、加工要求、机床的特性和系统所规定的指令格式（数控语言或符号）编制的。数控装置根据程序指令向伺服装置和其他功能部件

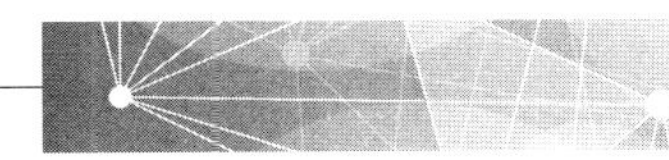

发出运行或中断信息来控制机床的各种运动。当零件的加工程序结束时，机床便会自动停止。任何一种数控机床，在其数控装置中若没有输入程序指令，数控机床就不能工作。机床的受控动作大致包括机床的启动、停止，主轴的启停、旋转方向和转速的变换，进给运动的方向、速度、方式，刀具的选择、长度和半径的补偿，刀具的更换，切削液的开启、关闭等。如图 7-6 所示为数控车床的工作过程示意图。

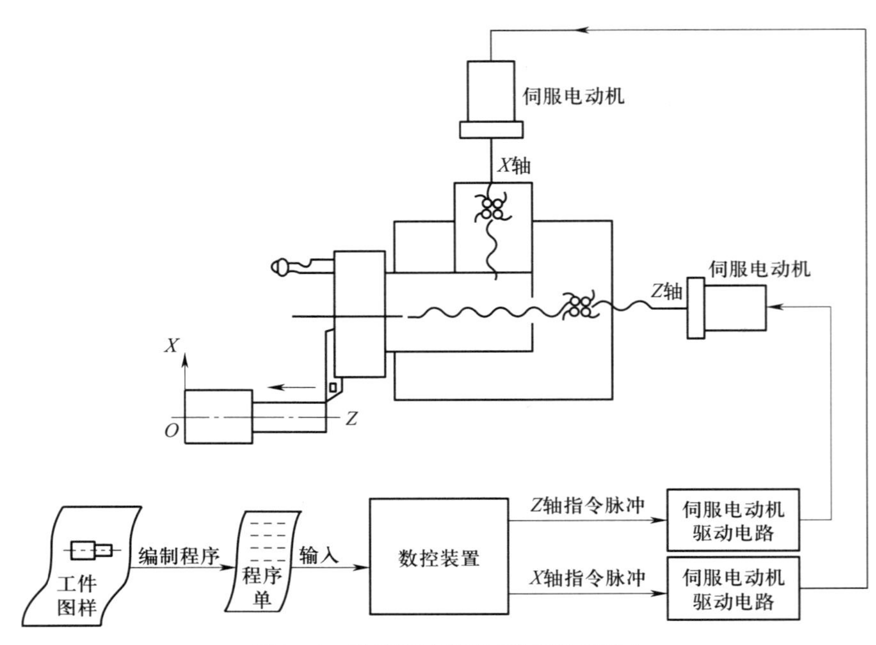

图 7-6　数控车床的工作过程示意图

三、常见数控机床的类型及用途

数控机床的种类很多，表 7-1 列出了常见数控机床的类型及用途。

表 7-1　常见数控机床的类型及用途

类型	用途	图示
数控车床	数控车床是用于完成车削加工的数控机床，使用量较大，覆盖面较广，主要用于回转体工件的加工	

续表

类型	用途	图示
数控铣床	数控铣床是用于完成铣削加工或镗削加工的数控机床，在数控机床中所占的比例较大，在航空航天、汽车制造、一般机械加工和模具制造业中应用非常广泛	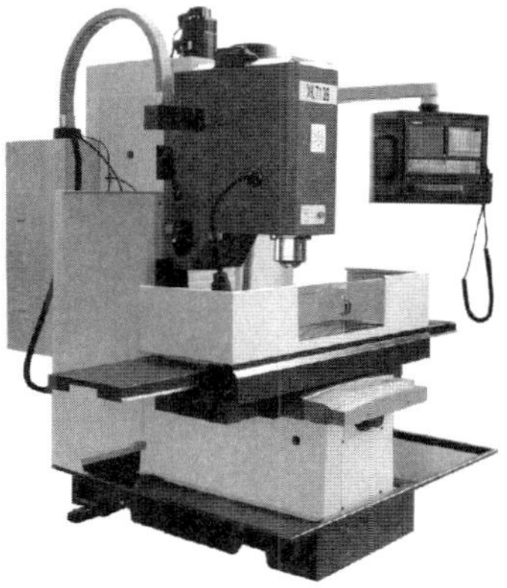
加工中心	加工中心带有刀库，具有自动换刀功能，是对工件一次装夹后进行多工序加工的数控机床。通常所说的加工中心是指带有刀库和自动换刀装置的数控铣床	
数控磨床	数控磨床是利用磨具对工件表面进行磨削加工的数控机床	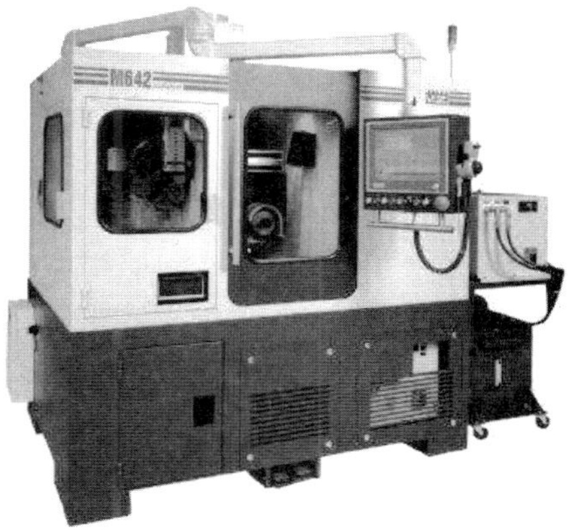

续表

类型	用途	图示
数控钻床	数控钻床主要用于钻孔、扩孔、铰孔、攻螺纹等加工，是采用点位控制系统的数控机床	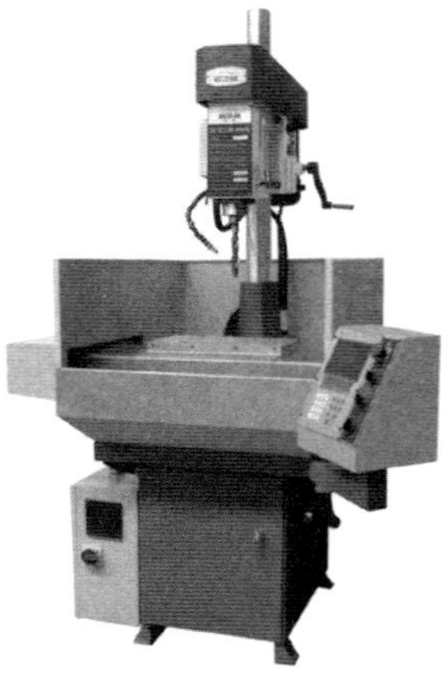
数控电火花成形机床	数控电火花成形机床属于特种加工机床，它是利用两个不同极性的电极在绝缘液体中产生的放电现象去除材料，从而完成加工的。它适用于形状复杂的模具及难加工材料的加工	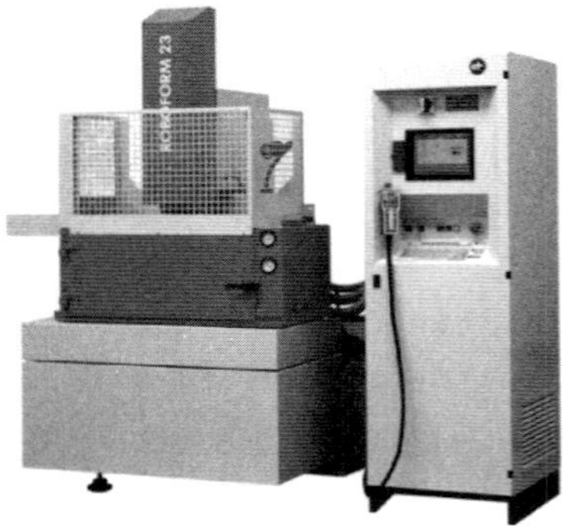
数控线切割机床	数控线切割机床的工作原理与数控电火花成形机床一样，其电极是电极丝，加工液一般采用去离子水	

四、数控机床的特点

与普通机床相比，数控机床具有以下特点：

1. 加工零件适应性强，灵活性好

数控机床是一种高度自动化和高效率的机床，可适应不同品种和不同尺寸规格零

件的自动加工，能完成很多普通机床难以加工或者根本不可能加工出来的复杂型面零件的加工。当加工对象改变时，只要改变数控加工程序，就可改变加工零件的品种，为复杂结构零件的单件、小批量生产以及新产品试制提供了极大的便利。

2. 加工精度高，产品质量稳定

数控机床按照预定的程序自动加工，不受人为因素的影响，加工同批零件时尺寸的一致性好，其加工精度由机床来保证，还可利用软件来校正和补偿误差。因此，可以获得比机床本身精度还要高的加工精度及重复精度。

3. 综合功能强，生产效率高

数控机床的生产效率比普通机床高 2 ~ 3 倍，尤其是某些复杂零件的加工，生产效率可提高十几倍甚至几十倍。这是因为数控机床具有良好的结构刚度，可进行大切削用量的强力切削，能有效地节省机动时间，还具有自动变速、自动换刀、自动交换工件和自动完成其他辅助操作等功能，使辅助时间缩短，而且不需要工序间的检测。

4. 自动化程度高，减轻工人劳动强度

数控机床主要是自动加工，能自动换刀、开关切削液、自动变速等，其大部分操作不需要人工完成，可大大减轻操作者的劳动强度和紧张程度，改善劳动条件。

5. 生产成本降低，经济效益好

数控机床自动化程度高，减少了操作人员的人数，同时加工精度稳定，降低了废品、次品率，使生产成本下降。在单件、小批量生产情况下，使用数控机床加工，可节省划线工时，减少调整、加工和检测时间，节省直接生产费用和工艺装备费用。此外，数控机床可实现一机多用，节省厂房面积和建厂投资。因此，使用数控机床可获得良好的经济效益。

6. 数字化生产，管理水平提高

在数控机床上加工，能准确地计算零件的加工时间，加强了零件的计时性，便于实现生产计划调度，简化和减少了检验、刀具与夹具准备、半成品调度等管理工作。数控机床具有通信接口，可实现计算机之间的连接，组成工业局域网，采用制造自动化协议规范，实现生产过程的计算机管理与控制。

第 2 节　数控加工程序的编制

一、数控加工程序

1. 数控加工程序的概念

数控机床加工严格按照一套特殊的指令，并经机床数控系统处理后，使机床自动完成零件加工。这一套特殊指令的作用，除了与工艺卡的作用相同外，还能被数控系

统所“接收”。这种能被机床数控系统所接收的指令集合就是数控机床加工中所必需的加工程序。由此可以得出数控加工程序的定义：按规定格式描述零件几何形状和加工工艺的数控指令集。

2. 字符

字符是用来组织、控制或表示数据的各种符号，如字母、数字、标点符号和数学运算符号等。常规加工程序用的字符分为四类：第一类是字母，它由 26 个大写英文字母组成；第二类是数字和小数点，它由 0 ~ 9 共 10 个阿拉伯数字及一个小数点组成；第三类是符号，它由正号（+）和负号（–）组成；第四类是功能字符，它由程序开始 / 结束符（如“%”）、程序段结束符（如“；”）、跳过任选程序段符（/）和空格符等组成。

3. 地址符

地址符又称地址，在数控加工程序中，它是指位于程序字头的字符或字符组，用以识别其后的数据；在传递信息时，它表示其出处或目的地。常用的地址符有 O、N、G、X、Z、U、W、I、K、R、F、S、T、M 等字符，每个地址符都有它的特定含义及功能，见表 7–2。

表 7–2　常用地址符含义及功能

地址符	含义	功能
O	定义程序名	程序名
N	顺序号	程序段号
G	定义运动方式	准备功能
X、Y、Z U、V、W A、B、C R I、J、K	轴向运动指令 附加轴运动指令 旋转坐标轴 圆弧半径 圆心坐标	坐标地址（尺寸字）
F	定义进给速度	进给功能
S	定义主轴转速	主轴功能
T	定义刀具号	刀具功能
M	机床的辅助动作	辅助功能

4. 程序字

程序字是一套有规定次序的字符，可以作为一个信息单元（即信息处理的单位）存储、传递和操作，如 X1234.56 就是由 8 个字符组成的一个程序字。加工程序中常见的程序字有以下几种：

（1）程序段号

程序段号也称顺序号字，一般位于程序段开头，可用于检索，便于检查交流或指定跳转目标等，它由地址符 N 和随后的 1 ~ 4 位数字组成。

（2）准备功能字

准备功能字的地址符是 G，又称 G 功能或 G 指令，它是设立机床工作方式或控制系统工作方式的一种命令。在程序段中，G 指令一般位于坐标尺寸字的前面。G 指令由字母 G 及其后面的两位数字组成，从 G00 到 G99 共 100 种代码。表 7–3 为 FANUC 0i 数控车床部分常用准备功能指令。

表 7–3　FANUC 0i 数控车床部分常用准备功能指令

G 指令	组别	功能	程序格式及说明	备注
G00	01	快速点定位	G00 X（U）__Z（W）__;	模态
G01		直线插补	G01 X（U）__Z（W）__F__;	模态
G02		顺时针圆弧插补	G02 X（U）__Z（W）__R__F__; G02 X（U）__Z（W）__I__K__F__;	模态
G03		逆时针圆弧插补	G03 X（U）__Z（W）__R__F__; G03 X（U）__Z（W）__I__K__F__;	模态
G70	00	精加工复合固定循环	G70 P（*ns*）Q（*nf*）;	非模态
G71		内、外圆复合固定粗车循环	G71 U（Δd）R（*e*）; G71 P（*ns*）Q（*nf*）U（Δu）W（Δw）F__;	非模态

（3）坐标尺寸字

坐标尺寸字在程序段中主要用来指定机床刀具运动到达的坐标位置。尺寸字由规定的地址符及后续的带正、负号或者带正、负号又有小数点的多位十进制数组成。

（4）进给功能字

进给功能字的地址符为 F，又称 F 功能或 F 指令，它的功能是指定切削进给速度。现在 CNC 机床一般都能使用直接指定方式，即可用 F 后的数字直接指定进给速度，为编程带来方便。

（5）主轴功能字

主轴功能字的地址符为 S，又称 S 功能或 S 指令，它主要用来指定主轴转速或速度，单位为 r/min 或 m/min。

（6）刀具功能字

刀具功能字用地址符 T 及随后的数字代码表示，又称 T 功能或 T 指令，它主要用来指定加工中所用的刀具号及自动补偿编组号。其自动补偿内容主要是刀具位置偏差

或长度补偿及刀具半径补偿。

（7）辅助功能字

辅助功能字又称 M 功能或 M 指令，它用以指定数控机床中辅助装置的开关动作或状态，如主轴启、停，切削液通、断，更换刀具等。与 G 指令一样，M 指令由地址符 M 和其后的两位数字组成，从 M00 ~ M99 共 100 种。表 7–4 为 FANUC 0i 数控车床部分常用辅助功能指令。

表 7–4　FANUC 0i 数控车床部分常用辅助功能指令

M 指令	功能	说明
M00	程序暂停	程序停在本段状态，不执行下段，相当于按下操作面板上的循环暂停按钮，按下操作面板上的循环启动按钮可取消 M00 状态，使程序继续向下执行
M01	选择停止	功能与 M00 相似。不同的是 M01 只有在机床操作面板上的“选择停止”开关处于“ON”状态时才有效。M01 常用于关键尺寸的检验和临时暂停
M02	程序结束	该指令表示加工程序全部结束。它使主运动、进给运动、切削液供给等停止，机床复位
M03	主轴正转	该指令使主轴正转。主轴转速由主轴功能字 S 指定，如某程序段为“N10 S500 M03；”，它的意义为指定主轴以 500 r/min 的转速正转
M04	主轴反转	该指令使主轴反转，与 M03 相似
M05	主轴停止	在 M03 或 M04 指令作用后，可以用 M05 指令使主轴停止
M30	程序结束	程序结束并返回程序的第一条语句，准备下一个零件的加工

5. 程序段格式

所谓程序段，就是为了完成某一动作要求所需的程序字的组合。每一个程序字是一个控制机床的具体指令。

程序段格式是指程序字在程序段中的顺序及书写方式的规定。程序段格式有多种，最常用的是使用地址符的程序段格式（见表 7–5）。

表 7–5　程序段格式

1	2	3		4	5	6	7	8
N__	G__	X__ Y__ Z__ U__ V__ W__	I__ J__ K__ R__	F__	S__	T__	M__	LF
程序段号	准备功能	坐标尺寸字		进给功能	主轴功能	刀具功能	辅助功能	结束符号

表 7–5 所列的程序段格式是用地址符来指明指令数据的意义，程序段中程序字的数目是可变的，因此程序段的长度也是可变的。

6. 数控加工程序的组成

一个完整的数控加工程序由程序名、程序内容和程序结束三部分组成，见表 7–6。

表 7–6 数控加工程序的组成

数控加工程序	注释
O1234；	程序名
N10 G98 G40 G00； N20 S300 M03 T0101； N30 G00 X40.0 Z0； ⋮ N120 M05；	程序内容
N130 M30；	程序结束

（1）程序名

为了区别存储器中的程序，每个程序都要有程序名。程序名位于程序主体之前，是程序的开始部分，一般独占一行。程序名一般由规定的字母“O”“P”或符号“%”开头，后面紧跟若干位数字组成，常用的有两位数和四位数两种，前面的零可以省略，不同的数控系统，程序名的命名方法不同。

（2）程序内容

程序内容是整个程序的核心部分，由若干程序段组成。一个程序段表示零件的一段加工信息，若干个程序段的集合则完整地描述一个零件的所有加工信息。

（3）程序结束

程序结束是以程序结束指令 M02 或 M30 来结束整个程序。

二、编程方法和步骤

1. 编程方法

数控编程是指根据被加工零件的图样和技术要求、工艺要求，将零件加工的工艺顺序、工序内的工步安排、刀具相对于工件运动的轨迹与方向、工艺参数及辅助动作等，用数控系统所规定的规则、代码和格式编制成文件，并将程序单的信息输入数控系统的整个过程。数控编程通常分为手工编程和自动编程两大类。

（1）手工编程

手工编程是指编程的各阶段均由人工完成。手工编程的意义在于加工形状简单的零件（如直线与直线或直线与圆弧组成的轮廓）时，编程快捷、简便，不需要具备特别的条件（如价格较高的自动编程机及相应的硬件和软件等），使机床操作人员或程

序员不受特殊条件的制约，同时还具有较大的灵活性和编程费用少等优点。

（2）自动编程

自动编程是利用计算机专用软件来编制数控加工程序。编程人员只需根据零件图样的要求，使用数控语言，由计算机自动地进行数值计算及后置处理，编写出零件加工程序单。自动编程能够顺利地编出一些计算烦琐、手工编程困难或无法编出的程序。

2. 编程步骤

数控编程的步骤如图 7–7 所示。

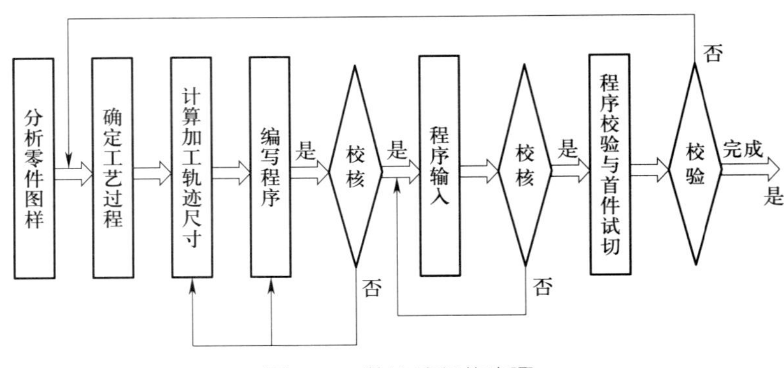

图 7–7　数控编程的步骤

（1）分析零件图样

编程人员在拿到零件图样后，首先应准确地识读零件图样表达的各种信息，主要包括零件的材料、形状、尺寸、精度、批量、毛坯形状和热处理要求等。通过分析，确定该零件是否适合在数控机床上加工，或适宜在哪种数控机床上加工，甚至还要确定零件的哪几道工序在数控机床上加工。

（2）确定工艺过程

在分析图样的基础上，进行工艺分析，选定机床、刀具和夹具，确定零件加工的工艺路线、工步顺序以及切削用量等工艺参数。

（3）计算加工轨迹尺寸

根据零件图样、加工工艺路线和零件加工允许的误差，计算出零件轮廓的坐标值。对于形状较简单的零件（如直线和圆弧组成的零件），需要计算出基点（构成零件轮廓的不同几何素线的交点或切点称为基点）的坐标值。对于形状较复杂的零件（如非圆曲线、曲面组成的零件），需要用直线段或圆弧段逼近，根据要求的精度计算出其节点（用多个直线段或圆弧近似地代替非圆曲线称为拟合处理，拟合线段的交点或切点称为节点）坐标值，这种情况一般要用计算机来完成数值计算工作。

（4）编写程序

加工工艺路线、工艺参数及刀具数据确定后，编程人员可以根据数控系统规定的功能指令代码及程序段格式，逐段编写加工程序，并校核上述两个步骤的内容，纠正其中的错误。此外，还应填写有关的工艺文件，如数控加工工序卡、数控加工刀具卡等。

（5）程序输入

简单的数控加工程序，可以直接通过键盘进行手工输入。当需要自动输入加工程序时，必须预先编写程序，并将程序存入控制介质。现在大多数程序采用U盘、闪存卡、硬盘作为存储介质，采用计算机传输进行自动输入。

（6）程序校验与首件试切

编制好的加工程序必须经过校验和试切才能正式使用。校验的方法是将编制好的加工程序输入数控装置后让机床空运行，检查机床的运动轨迹是否正确。在有图形模拟功能的数控机床上，通过刀具模拟运动轨迹检验程序是否正确。机床空运行和图形模拟不能查出被加工零件的加工精度，因此，有必要进行零件的首件试切。当发现有加工误差时，应分析误差产生的原因，找出问题所在并加以修正。

三、常用指令

1. 快速点定位指令（G00）

G00指令以点定位控制方式使刀具从所在点快速移动到下一个目标位置。它只是快速定位，而无运动轨迹要求，且无切削加工过程，一般用于加工前的快速定位或加工后的快速退刀。G00指令格式如下：

G00 X（U）__ Z（W）__；

其中，X、Z为刀具目标点的绝对坐标值；

U、W为刀具目标点相对于起始点的增量坐标值。

2. 直线插补指令（G01）

G01指令是直线插补指令，规定刀具在两坐标间以插补联动方式按指定的进给速度做任意斜率的直线运动。G01指令格式如下：

G01 X（U）__ Z（W）__ F__；

其中，X、Z为刀具目标点的绝对坐标值；

U、W为刀具目标点相对于起始点的增量坐标值；

F为刀具切削进给速度。

3. 圆弧插补指令（G02/G03）

圆弧插补指令使刀具相对于工件以指定的速度从当前点（起始点）向终点进行圆弧插补。G02为顺时针圆弧插补，G03为逆时针圆弧插补，如图7-8所示。

G02、G03指令格式如下：

G02 X（U）__ Z（W）__ R__ F__；

G03 X（U）__ Z（W）__ R__ F__；

其中，X、Z为圆弧终点的绝对坐标值；

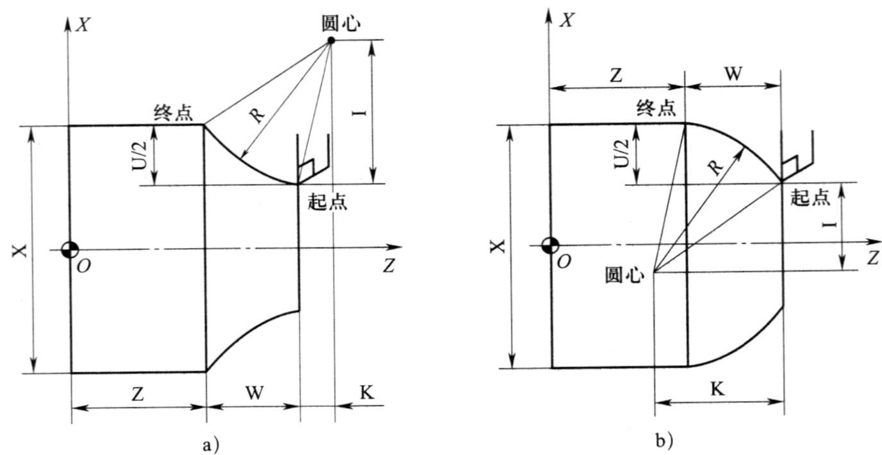

图 7–8 圆弧插补指令

a）顺时针圆弧插补（G02） b）逆时针圆弧插补（G03）

U、W 为圆弧终点相对于圆弧起点的增量坐标值；

R 为圆弧半径；

F 为刀具切削进给速度。

4. 内、外圆复合固定粗车循环（G71）

G71 指令适用于毛坯余量较大的内、外圆粗车，在 G71 指令后描述零件的精加工轮廓，数控系统根据精加工程序所描述的轮廓形状和 G71 指令内各参数，自动生成加工路径，将粗加工待切除余量一次性切削完成。G71 指令格式如下：

G71 U（Δd） R（e）；

G71 P（ns） Q（nf） U（Δu） W（Δw） F（f） S（s） T（t）；

其中，Δd 为 X 向背吃刀量，半径量，无正负号；

e 为粗加工每次车削循环的 X 向退刀量，半径量，无正负号；

ns 为精加工程序第一个程序段的段号；

nf 为精加工程序最后一个程序段的段号；

Δu 为 X 向精加工余量（直径量），加工内孔轮廓时为负值；

Δw 为 Z 向精加工余量；

F、S、T 为粗加工循环中的进给速度、主轴转速与刀具功能。

5. 精加工复合固定循环（G70）

采用复合固定循环 G71 指令进行粗车后，用 G70 指令可进行精车循环车削。G70 指令格式如下：

G70 P（ns） Q（nf）；

其中，ns 为精加工程序的第一个程序段的段号；

nf 为精加工程序的最后一个程序段的段号。

四、编程示例

在 FANUC 0i 数控车床上加工如图 7–9 所示轴类零件的右端轮廓，试编写加工程序。

1. 图样分析

如图 7–9 所示轴类零件右端是由半球面、圆柱面和圆锥面组成的。半球面半径为 20 mm，圆柱面直径为 40 mm、长度为 20 mm，圆锥体小端直径为 40 mm、大端直径为 60 mm、锥体长度为 20 mm。由于右端存在半球面和圆锥面，加工余量不均匀，粗车刀具轨迹的坐标点很难确定，为了避免复杂的数学运算，编程时采用 FANUC 0i 系统提供的粗车循环指令 G71 进行编程。

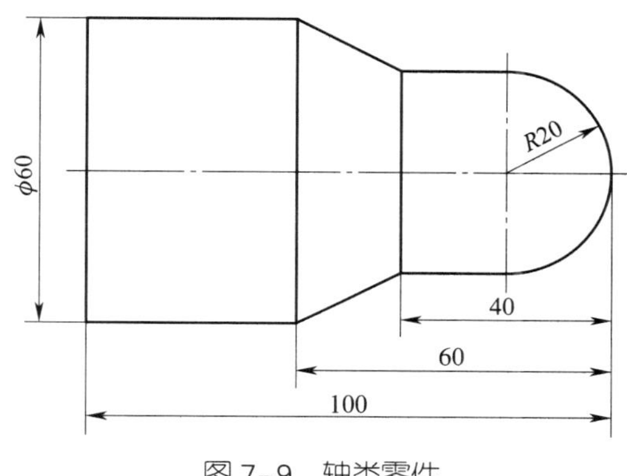

图 7–9　轴类零件

2. 建立工件坐标系

编写加工程序时，必须先建立编程坐标系，如图 7–10 所示。以工件右端面中心点 O 为坐标系原点；水平轴为 Z 轴，即 Z 轴在工件的轴向上，且向右的方向为 Z 轴的正方向；垂直轴为 X 轴，即 X 轴在工件的径向上，且远离轴心的方向为 X 轴的正方向。

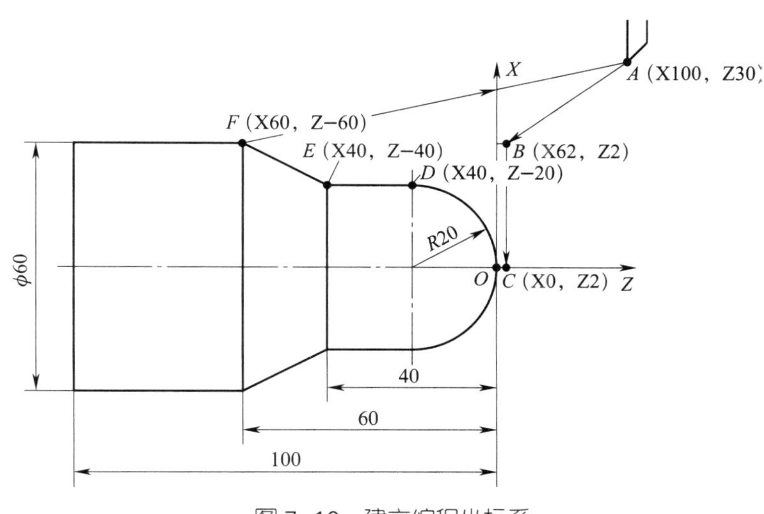

图 7–10　建立编程坐标系

第 7 章　数控机床及加工程序

3. 确定加工路线并计算坐标值

假定刀具起始点 *A* 点坐标为（X100，Z30），加工过程中刀具首先从 *A* 点快速移动到 *B* 点进行粗加工，*B* 点 *X* 向坐标应比毛坯直径大一些，*Z* 向坐标应离开端面 1 ~ 2 mm，所以 *B* 点坐标可设为（X62，Z2）。精车时刀具先由 *B* 点快速进给至 *C* 点，*C* 点 *X* 向坐标应位于轴心线上，*Z* 向坐标应离开端面 1 ~ 2 mm，所以 *C* 点的坐标为（X0，Z2）。刀具工进至圆弧起点 *O*（X0，Z0），开始逆时针切削圆弧至 *D* 点（X40，Z–20），再沿圆柱面直线切削至 *E* 点（X40，Z–40），最后沿圆锥面直线切削至 *F* 点（X60，Z–60）。完成精车后，刀具由 *F* 点（X60，Z–60）快速返回至 *A* 点（X100，Z30）。

4. 编写加工程序

根据确定的加工路线，编写右端粗、精加工程序，见表 7–7。

表 7–7　右端粗、精加工程序

加工程序	说明
O1234;	程序名
N10 S600 M03 T0101;	主轴正转，转速为 600 r/min，选 01 号刀，调用 01 号刀补
N20 G00 X62 Z2;	刀具快速由 *A* 点移动至 *B* 点
N30 G71U1.5 R0.5;	设置粗车背吃刀量和退刀量
N40 G71 P50 Q90 U0.5 W0 F0.2;	设置精车第一个程序段的段号和最后一个程序段的段号，设置 *X* 向和 *Z* 向精车余量，设置粗车进给速度
N50 G00 X0 S1000;	此程序段为精车第一个程序段，刀具由 *B* 点快速移动至 *C* 点
N60 G01 Z0 F0.1;	刀具由 *C* 点工进至 *O* 点
N70 G03 X40 Z−20 R20 F0.1;	刀具按逆时针方向精车圆弧面至 *D* 点
N80 G01 Z−40;	刀具沿圆柱面直线切削至 *E* 点
N90 X60 Z−60;	此程序段为精车最后一个程序段，刀具沿圆锥面直线切削至 *F* 点
N100 G70 P50 Q90;	刀具按照 N50 ~ N90 之间的程序段进行精车
N110 G00 X100 Z30;	刀具快速退回至 *A* 点
N120 M30;	程序结束

程序运行时，从 N10 开始，运行至 N30 程序段时，数控车床按照 N50 ~ N90 之间的精加工程序段进行粗车轮廓，每次粗车都是平行于 *Z* 轴进行车削，并最后在工件右端的径向上保留 0.5 mm 的精车余量。然后程序运行 N100 句，再次调用 N50 ~ N90 之间的程序段进行精车至要求尺寸。

课后练习

1. 按照部件的功能，可将数控机床分为哪几部分？各部分有何作用？
2. 与普通机床相比，数控机床具有哪些特点？
3. 数控加工程序中常见的程序字有哪些？各有何作用？
4. 数控加工程序由哪几部分组成？
5. 简述数控编程的步骤。
6. 指出下列程序字的含义。

（1）G00

（2）G01

（3）G03

（4）G71

（5）M03

（6）M30

7. 默写下列指令的编程格式。

（1）G00

（2）G01

（3）G03

（4）G71